도시의 **색**을 만들자 | 환경색채디자인의 기법

도시의 **색**을 만들자 | 환경색채디자인의 기법

미세움 아름다운 도시만들기 시리즈 ③

도시의 색을 만들자

환경색채디자인의 기법

미세움 아름다운 도시만들기 시리즈 ③

도시의
색을 만들자

환경색채디자인의 기법

요시다 신고 지음 | 이 석 현 옮김

美세움

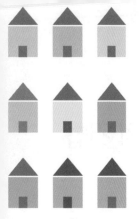

차례 / 도시의 색을 만들자

4

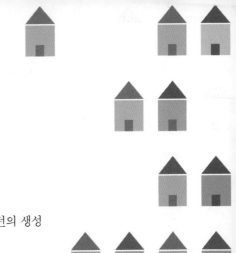

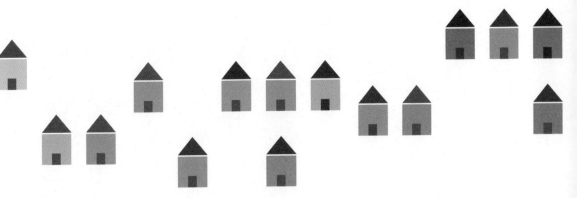

번역은 이하를 원칙으로 했다.

1. 지역, 사람 등의 고유명칭은 일본의 원어발음을 그대로 표기했다.

2. 마치(まち)는 문맥의 흐름에 맞추어 도시, 마을, 거리로 나누어 표기했다.

3. 시, 군, 현, 도 등의 행정구역은 한문을 한국발음으로 표기하고 단어가 처음 나오는 곳에 원어를 기제했다.

4. 외래어는 한국어 표기를 원칙으로 했다.

5. 소학교는 초등학교로 하는 등 한국의 일상용어로 전환해서 표기했다.

6. 색명은 기본적으로는 한국의 색명으로 전환하되 전환되지 않는 색명은 설명을 추가했다.

7. 직역으로 이해 전달이 어려운 부분은, 문맥상 읽는 이들의 편의를 도모하기 위해 한국식 어법으로 바꾸었다.

　이 책은 거리만들기와 지역활성화를 위한 종합전문지 『조경』
에 1996년 2월의 창간호부터 1997년 8월의 10호까지 「환경색채
디자인의 기법」이라는 제목으로 연재한 내용을 다듬어 정리한
것이다.

　지금까지 색채에 관한 책은 다수 출판되어 있으나, 최근에는
컬러 코디네이터의 자격시험 등의 시작부터, 패션과 생산 제품,
인테리어까지 컬러디자인에 관한 책은 더욱 늘어나고 있다. 이
렇듯 색채계획에 관한 관심은 확실히 높아지고 있으나 환경에
대한 색채문제를 다룬 책은 적으며, 특히 환경색채디자인의 기
법은 거의 소개되어 있지 않다. 또한 컬러디자인에 관한 책의
대부분이 지금까지의 색채학이 축적해온 표색계나 색채조화,
색채심리에 관한 소개가 많으나, 이러한 것들은 실제 컬러디자
인의 현장에서는 그 효과가 검증되어 있지 않은 것도 많다.

　우리들은 이 책을 통해 지금까지 지속해 온 실제의 환경색채
디자인의 기법을 정리해 보고자 한다. 환경색채디자인의 대상
영역은 넓으나, 그 모든 것에 유효한 기법은 아직 정리되어 있
지 않으며, 그것은 항상 대상이 될 장소의 특성을 고려하고, 시
대성을 생각하는 속에서 계속적으로 창조해 나가야 한다. 그러
나 매년 새롭게 개발되는 외장재나 외부 구조재의 색채를 다루
는 데 익숙하지 않음으로 인해 방대한 비용을 들여 정비한 공
공 공간이 부조화한 색채환경이 되어 있는 예는 무수하게 만날
수 있다. 이러한 상황을 조금이라도 개선해 보기 위해 지금까지
우리들이 실천 속에서 쌓아 올린 환경색채디자인의 기법을 이

책에서 다시 한번 제시해 보고자 했다. 기법이라고 말할 수 있는 것이 일반화되어 있지 않아 성숙하지 못한 환경색채디자인의 사고만을 제시한 곳도 포함되어 있지만, 현재의 환경색채를 정비하는 데는 조금이나마 도움이 되리라 생각한다.

나는 지금까지의 디자인이 제품만들기에 지나치게 치중되어 있다고 생각한다. 양질의 미는 누구나 바라고 있으나, 전문적으로 분화된 작품으로서의 제품만들기에만 정열을 기울이는 디자이너는 참으로 살기 좋은 쾌적한 환경은 만들 수는 없다. 최근에는 도시환경 디자이너와 어반 디자이너라고 불리우는 사람들이 관계성을 중시하여 도시요소들을 재정비하기 시작했다. 이러한 전체를 정비하는 관점이 지금부터의 디자이너에게는 불가결한 것이다. 1970년 경부터 시작된 환경색채디자인도 환경을 구성하는 모든 것을 디자인 대상으로 하고 있으며, 그것들이 색채적 관계성을 조정하며 환경전체를 향하기 시작하고 나서야 그 중요성이 받아들여져 왔다고 생각된다.

이 책의 내용은 주로 1980년대 후반부터 1990년대 후반까지 진행된 요시다 씨의 환경색채디자인 활동을 토대로 쓰여졌다. 그당시 일본은 도시만들기에 대한 인식이 확대되기 시작하면서 부분적 확산보다는 지역경관의 질적 성장으로 나아가기 위한 다양한 실험을 행하던 시기였다. 이 시기는 일본의 환경디자인 분야에 있어서도 미국의 환경디자인 이론과 유럽의 고전적인 도시경관의 경험을 일본의 지역성 속에서 구체화시켜 나가던 시행착오의 시기였으며, 다양한 이론들이 일본의 환경에 맞게 정착해 나가던 때이기도 했다.

이 과정에서, 일본에서 환경색채에 관한 관심이 부분적인 단계를 넘어 도시경관의 분야 전체로 확대·적용되기까지 요시다 씨는 거의 절대적인 역할을 했다. 유럽과 같은 전통적 환경을 지켜나간 환경도 아니었으며, 버블이라는 경제적 황금기에 소중한 경관자산을 부수고 그 위에 외곡된 서구의 편리함만을 추구하며 변형된 일본의 도시문화는 도시색채에 있어서도 정체성의 회복을 요구하고 있었기에 일본의 자연환경과 조화된 색채환경의 소중함을 주장하며 실천을 전개해나간 요시다 씨의 존재감은 더 컸을지도 모른다.

요시다 씨가 환경색채를 보는 관점은 크게 세 가지로 나눌 수 있다.

하나는 지역성과의 조화이다. 이 지역성은 서구의 도시문화를 동경하며 외국의 것만 모방해서는 자신들의 시각적 환경에 맞지 않고, 그러한 부조화는 경관에 혼란을 가져온다는 관점에서 시작된다. 이 부분과 관련해서 저자는 프랑스의 저명한 컬러리스트 랑크로 씨의 예를 많이 든다. 물론 그가 랑크로 씨의 영향을 많이 받았던 점은 부정할 수 없는 것이나, 그의 이 '색채의 지리학'이라는 이론의 적용에 있어서는 철저하게 '일본적'이며 '아시아적'이다. 유럽과 일본은 도시의 역사가 다르며, 풍토가 다르고, 건축구조도 다르나 무엇보다 자연을 대하는 정신문화와 그와 관련된 공간형성 의식이 다르다. 공격적이고 선적인 도시를 만들어온 서양의 도시문화는 소재와 가로 등의 형태에서도 명확히 상징과 위계를 가지고 있으며, 절대권력의 이동축을 따른 방향성의 지향을 반영하고 있다.

그에 비해 아시아의 공간문화는 자연에 순응하고 직선적 체계보다는 곡선적 흐름을 중시한다. 한편으로 소극적이라고 볼 수 있는 이러한 공간에 대한 의식은 자연과 조화된 경관형성을 중요시하는 것으로 발달되어 왔고, 논을 따라 강과 산이 돌아가는 풍경은 아시아적인 그림의 풍경으로 남아있게 된다. 이러한 환경 속에서 발달한 건축물들은 분명 현대생활에 불편한 점도 많지만 일시적인 비일상의 흥분이 아니라면 우리들의 삶에 가장 적합한 환경이며, 요시다 씨는 도시환경이 그런 환경에 어울리도록 색채의 방향을 조정할 것을 주장하고 있다. 그러기에 습기가 많은 일본의 특성에 맞춰 저채도색을 강조하고, 특히 일본 고유의 건축소재와의 관계성을 자주 거론한다. 그러한 지역의 남아 있는 색채를 경관계획에 적극적으로 활용하는 속에서 개성적인 공간은 태어나고 매력적으로 가꿔진다는 점이다.

그리고 두번째로는 자연과의 조화를 이야기한다.

온화하고 차분한 색채경관이 일상생활 공간에 있어 중요하다는 점은 두말할 나위가 없으며 이는 지금까지 지나치게 무질서하게 진행되어 온 인공적 경관에 대한 경각심과 반성의 영향이 크다. 이 책이 쓰여진 1990년대까지만 해도 몇 곳을 제외한 대다수 일본 도심은 무질서한 간판과 관계성을 고려하지 않은 색채와 소재의 문제도 컸지만 주변자연보다 지나치게 눈에 띄고자 하는 경향이 강해 오히려 전체가 어지럽게 된 경우가 많았다. 이렇게 배경이 되는 자연공간과의 관계를 고려하지 않은 색채환경은 결국 풍경으로서 정리감이 부족하게 되고 '결여된 공간'이 된다는 주장이다. 이는 현재의 도심계획에서도 유효하며 특히나 우리나라와 같이 도심경관정비가 본격적으로 진행되는 상황에서는 더욱 필요한 관점이다.

요시다 씨의 견해 중에서 중요한 또 한 가지는 환경색채의 조율의 역할에 관한 부분이다.

일반적으로 환경색채계획을 진행하는 많은 사람들중 색채가 주가 되고 경관이 부가되는 경우가 많다. 색채는 그 자체로 강한 표현력을 지니나 이는 건축형태와 도시구조와의 관계가 결여되기 쉬운 측면도 가지고 있다. 그것의 대부분은 색채가 조율의 수단이라기보다는 개성의 표현수단만으로 여기는 오해와 경관에서 공공의 범위에 대한 인식의 차이점 때문일 것이다. 이러한 문제에 대해 각 전문영역의 개성이 전체적인 관계 속에서 발현될 수 있도록 조율하는 것이 환경디자인이며, 색채는 그 속에서도 보다 빠르고 큰 역할을 차지하고 있다. 그리고 디자인 코퍼레이션은 이렇게 넓은 디자인 영역을 다루다 보면 범하기 쉬운 오류나 한계지점의 불명확함으로 인해 전문성이 떨어지는 것에 유효한 기법이다라고 이야기한다. 이 문제에 대해서도 이상과 같은 환경색채의 관점은 건축색채분야뿐만 아니라 도시와 문화까지 다루는 중요한 관점이다.

한 도시의 경관이 형성되고 바뀌는 데는 많은 요인이 작용한다. 색채도 그 중에서 중요한 분야이나 건축도 있으며, 작은 거리의 디자인, 정류장과 움직이는 버스, 그러한 것들의 배경이 되는 하늘과 나무, 숲, 수변공간 등의 자연도 있다. 그러나 경관형성에는 이러한 요소 외에 지역의 역사와 문화, 사람들의 의식, 지역성 등의 오랜 시간과 사람들의 교감으로 발생되는 부분까지도 복잡하게 작용한다. 이러한 것 모두를 의식하며 무엇인가를 디자인한다는 것은 사실상 거의 불가능하다. 각자가 각자의 맡은 역할에 충실하고 그 속에서 다양함이 존재하며 통일성을 지향하는 것이 경관디자인의 기본방침이 된다. 환경색채디자인 역시 한 경향만을 지나치게 강조하게 되면 다양성이 상실되고 식상한 것이 되어 새로운 가능성에 대한 욕구가 생성되는 것은 당연하다. 그러나 대다수의 무질서한 색채표현의 경우, 다양성보다는 무절제의 자기표현욕구에 지나지 않은 경우가 많다.

도시의 개성에는 관점이 필요하고 사회적 책임도 동반한다. 그렇지만 아직도 대부분 유행하는 바지와 셔츠를 입고 가방을

들고 다니며, 비슷한 머리 스타일을 하면서도 자신은 개성있다고 생각하는 사람도 많다. 그러나 이러한 의식이 공공의 공간으로 나올 때는 문제가 심각해 진다. 결국 개성도 하나의 전체적인 질서 속에서 존재할 때만이 개성으로 존재하고 매력적으로 보이는 것이나, 공공의 공간까지 자기 중심적인 개성의 대상으로 여기는 또 다른 시각적 폭력을 야기시킨다.

도시의 환경색채가 이 정도의 수준으로 전개된 데에는 요시다 씨의 공로가 크다. 일본에서 환경색채의 기틀을 세우는 데도 그의 역할이 컸으며, 디자이너도 그의 기법을 참고로 하고 있기 때문이다. 도시의 부분적 개성표현으로 여기던 색채를 도시디자인의 전체적 영역까지 확대시켰기 때문에 국내의 많은 환경색채 디자이너도 그의 기법을 지침으로 삼고 있다.

이 책은 그러한 경관형성과정에 미치는 색채의 역할과 기법을 담고 있다. 지금보면 다소 고전적인 내용도 많지만, 경관계획에 있어 색채의 관점, 그것을 통한 도시의 매력을 향상시키는 기법은 여기저기 잡지에서 정보를 취하던 환경색채디자인을 지향하고자 하는 많은 이들에게는 여전히 큰 지침이 되리라 생각한다.

국내의 환경색채디자인은 아직도 시작단계이다. 지금 국내에 전개되는 다양한 경관정비사업을 통해 디자인의 외형적 수준은 향상되겠지만, 그 결과 자체가 지역의 개성적인 경관형성과 생활공간의 질적 향상으로 나아가지 않는다면 2000년대 초에 전개된 일본의 도시개성화사업처럼 도시디자인의 일상생활의

향상으로 이어지지 못하고 지자체의 재정부실로 이어질 우려
도 많다. 이러한 한계는 시민의식의 향상과 함께 경관계획이 순
차적으로 진행될 때 극복될 수 있는 것이며, 이를 위해서는 디
자인 코디네이터와 같이 도시공간과 사람들 속에서 관계를 조
율하고 이해를 넓혀나가는 제대로 된 전문가의 존재가 더욱 중
요하다.

환경색채디자인을 통해 도시의 색을 만드는 것은 매력적인
업무이나, 다른 전문분야에 대한 지식이 필요하며 많은 사회적
책임을 요구한다. 그리고 그 실천은 아름다운 도시, 살기 좋은
매력적인 도시형성에 큰 영향을 미친다. 그러한 아름다운 도시
의 형성에 기여할 수 있는 많은 환경색채디자이너의 탄생에 이
책이 자그마나 소중한 벗이 될 수 있기를 바란다.

제 1 장
색채의 관계성과 컨트롤

제1장 색채의 관계성과 컨트롤

1970년경까지 패션과 상품의 색채선택이 주였던 '색채계획'
을 도시환경으로 전개한 '환경색채디자인'은 1980년대에 들어
오면서부터 일반화되기 시작했다. 우리는 1984년에 『환경색채
디자인 – 조사에서 설계까지』컬러 플래닝 센터 편집, 미술출판사를 간행해,
1970년경부터 계속되어 온 환경색채계획의 개념과 실예를 소
개했다. 지자체도 이 무렵부터 지역의 경관형성에 색채계획을
포함하게 되었다. 지역성과 장소의 특성을 중시하는 환경색채
디자인에 대한 관심은 최근 십 년 사이 확실히 높아졌으며 환
경형성에 필요한 색채의 역할에 관한 기대도 커져 갔다. 그러나
지금도 환경색채디자인의 역사는 아직 얕기 때문에 충분히 만
족할만한 기법이 획득되었다고는 말할 수 없다. 이 책에서는 지
금까지 실천해 온 색채계획을 통해 축적되어 온 환경색채디자
인 기법을 소개한다.

건축형태와 연계된 색채

슈퍼 그래픽(super graphic)
1960년대 뉴욕의 시가지에서 팝 아티스
트들이 벽면에 그림을 그렸던 것을 발단
으로 건축물과 도시공간을 미디어로 취
급해 거대한 스페이스에 그래픽 작품을
그리는 것이 세계적으로 유행했다.

1960년대 중반 무렵부터 건축물을 선명하게 도색하는 슈퍼
그래픽이 세계 곳곳에서 유행하였다.

그림 1-1
인테리어. 그래픽 디자인을
전개한 시 런치

그때까지 일본건축의 색채계획은 전후 미국으로부터 수입된 컬러 컨디셔닝^{색채 조절}이 주류였지만, 지금은 색채의 기능주의적인 기법으로 작업능률을 높이기 위해 주로 공장 등의 내장에 사용되고 있다. 눈의 피로를 줄이는 색으로 즐겨 사용되던 아일리스트 그린은 일본의 많은 공장에 적용되어 지금까지도 공작기계 등에 그 흔적이 남아 있는 곳도 있다.

이 컬러 컨디셔닝은 많은 책에 소개되어 있지만 실제로 일본 곳곳에 널리 일반화된 것은 아니었다. 당시의 색채조절에 관한 책을 다시금 읽다보면 저채도의 아일리스트 그린도 순수하게 기능주의적인 성과에서 생겨난 것이 아닌, 미국 도료회사의 기업전략적 측면이 강하게 엿보인다.

성과가 약간 과장되어 소개된 컬러 컨디셔닝은 1960년대 후반 무렵부터 쇠퇴해 간다. 그리고 동시기에 고채도의 선명한 색채를 건축물에 전개한 슈퍼 그래픽이 일어났으며, 그것은 전세계로 순식간에 퍼져 나갔다. 슈퍼 그래픽은 그때까지 희박했던 건축공간과 색채와의 관계를 받아들여 대담한 색채공간을 만들어 냈다. 슈퍼 그래픽은 미국 서해안의 시 런치^{Sea Ranch(설계 : 찰스 무어)}에서 시작되었다고 알려져 있다^{그림 1-1}. 이 목조 주말주택의 내장은 그래픽 디자이너인 바바라 스토우파처^{Barbara Stauffacher}에 의해 선명한 색채와 광대한 그래픽 디자인으로 메워져 갔다.

기능주의가 힘을 잃었던 이 시기에 슈퍼 그래픽은 일본에서도 유행해 토쿄를 중심으로 한 도심부에 선명한 색의 건물이 다수 지어졌다. 이 유행과 시기를 같이하여 개최되었던 1970년의 오사카 만국박람회에서는 슈퍼 그래픽의 영향으로 인해 각

찰스 무어(Charles W. Moor) 건축가. 1925년 미국 미시건주 출생. 미시건대학, 프린스턴대학 졸업. 1956년 프린스턴대학에서 예술학 석사, 박사를 취득. 에섹스에 찰스 무어 어소시에이션을 설립. 주된 작품으로는 「시 런치 콘도 미니움」, 「클레스기 컬리지」, 「이태리 광장」 등이 있다.

그림 1-2
선명한 고채도색이 곳곳에 사용된
오오사카 만국박람회의 파빌리온

국의 바빌리온에는 많은 원색이 사용되었다.^{그림 1-2.} 그 후, 일본의 슈퍼 그래픽은 건축의 형태에서 서서히 멀어지고, 상업광고의 형식으로 전개되다 오일 쇼크와 함께 그 자취를 감추고 만다.^{그림 1-3~5}

건축과 색채가 만들어 낼 수 있는 흥미로운 가능성을 단시간에 보여주었던 수많은 슈퍼 그래픽은 이러한 상업주의의 지난친 발달로 인해 사장되고 만다. 오일 쇼크 이후, 색채는 소극적인 시대를 맞이한다. 건축의 외장에는 무난한 흰색이나 자연친화적 색채가 사용되고 색채의 실험적인 시도는 자취를 감추고 만다. 그 후, 슈퍼 그래픽과 같은 다이나믹한 운동은 없어졌지만, 현재의 환경과 색채의 관계를 고려해 보면 슈퍼 그래픽이 축적해 온 실험이 몇 가지 점에서는 중요하다고 생각된다.

먼저 슈퍼 그래픽에 있어 색채는 건축형태와 강한 연계를 가지고 있었다. 그것은 건축형태와 적극적인 연계를 통해 건축공간에 새로운 해석을 부여했다. 그 이전의 컬러조절의 대상이었던 건축은 일반적인 병원이나 공장 정도였고, 개개의 건축물과의 관계는 그다지 고려되지 않았다. 그것에 비해 슈퍼 그래픽은 지역에 대해 조금은 폭력적으로 그 존재를 지나치게 강조한 예도 많았지만, 그러한 마이너스적인 면을 포함해서 건축의 외장과 장소의 관계를 새롭게 인식시켰다. 또한 근대건축에 있어서는 지나치게 장식적으로 다루어졌던 색채의 인식을 새롭게 해, 공간을 구성하는 요소로 색채의 지위를 높인 것도 명확한 사실이다. 슈퍼 그래픽 운동은 일본에서 불과 짧은 기간 동안 유행했지만 그 후의 환경색채디자인을 이끌어 낸 중요한 역할을 했다고 생각된다.

일본에 있어 슈퍼 그래픽의 예

그림 1-3
고채도인 황색으로 도장된 고라쿠
엔(後樂園)

그림 1-4(좌)
게이온(芸音)

그림 1-5(우)
토쿄 카킨(家禽) 센터

슈퍼 그래픽의 쇠퇴와 함께 진한 외벽
은 밝은 흰색으로 칠해졌다.

도시를 풍부하게 하는 색채

장 필립 랑크로(Jean Philippe Lenclos)
1938년 프랑스 피브리에서 출생. 1960
년 파리 고등장식미술학교를 졸업. 고티
에 도장회장 디자인 디렉터를 거쳐 파
리에서 색채계획사무소 3D컬러를 설립.
지역의 색채조사를 기본으로 한 색채계
획을 지속하고 있다.

슈퍼 그래픽은 세계 곳곳으로 전해져 갔지만 프랑스에서는
일본과는 다소 다른 전개를 보였다. 그 전개에 컬러리스트 장
필립 랑크로가 미친 역할은 크다. 그림 1-6

1974년에 나는 파리에 있는 랑크로의 아틀리에에서 일할 수
있는 기회를 얻었다. 그곳에서 건축의 형태가 정해진 후 장식적
으로 부가되는 색채가 아닌 형태와 동등하게 연계해 공간을 만
들어 가는 색채의 존재를 깨닫게 되었다. 당시 랑크로는 파리
근교의 뉴타운인 크레타유와 세르지 퐁트와즈에 건설된 학교
의 색채계획을 하고 있었고, 그곳에서 실현된 색채공간은 그때
까지 내가 체험한 적이 없는 것이었다.

랑크로의 건축형태와 연계한 색채의 처리는 그곳을 찾아오
는 사람들에게 풍부한 이미지를 불러 일으켰다. 그것은 자연 속
에서 만날 수 있는 풍경처럼, 사람들에 의해 다양하게 해석되는
것이었다. 그러한 공간을 만들어내기 위해서는 색채상호의, 그
리고 색채와 형태의 관계성을 디자인하지 않으면 안 된다.

랑크로의 아틀리에에서는 색채상호의 관계가 만들어내는 성
과를 주시하며, 먼저 도면에 몇 장을 채색해 간다. 그리고 몇 가
지의 색채계획의 방향이 결정되면 모형을 제작하여 색채와 형
태의 관계가 만들어내는 공간의 효과를 검증한다. 환경의 색채
계획에는 색채심리 등의 지식도 필요하지만, 그것들은 색채공
간에 대한 체험을 뒷받침하는 것이어야 한다.

프랑스에서 슈퍼 그래픽의 전개는 도시경관을 더욱 풍부하
게 하는 실험이었다. 형태만이 아닌 그곳에 색채가 더해져 공간

그림 1-6
선명한 색채의 그래픽 패턴이 그려
진 크레타유의 코마셜 센터(컬러리
스트 장 필립 랑크로)

그림 1-7
구분 도장으로 경관에 변화를 만들
어 낸 마르티게의 뉴타운(컬러리스
트 크르주 보울)

표현의 폭은 넓어지게 된다. 나는 당시 프랑스에서 그때까지 건축설계에서는 만들지 못한 새로운 색채공간을 수없이 만나게 되었다. 평면의 색채관계에 따라 만들어진 흥미로운 양상은 건축공간과의 상호작용에 의해 더욱 풍부한 표정을 가지게 된다.

일본의 색채계획은 지금도 실제로 사용하는 색채에 있어 의미나 기능을 과도히 추구하는 경우가 많으나, 이러한 과도한 추구 역시 실제의 색채공간을 체험하며 즐거움이 실현되지 않는다면 의미가 없다.

프랑스에서는 개인주택에도 페인트를 사용하는 습관이 있기 때문에 일상적인 색채사용에 익숙해져 있어 색채에 관한 체험이 풍부하다. 그렇기에 슈퍼 그래픽의 전개는 일본과는 매우 달랐다. 뉴타운에는 대담한 색채가 사용되었고 차가운 단지 경관을 변하게 했다. 그림 1-7

색채의 관계성 – 변하는 색의 '이미지'

랑크로의 아틀리에에서 그렸던 색채계획의 스케치는 대학시절에 진행되었던 색채 상호작용의 추구에 가까운 부분이 많았다. 2차원 평면에서 다루는 색채는 배색에 의해서가 아니면 형태와의 상호작용에 따라 다양하게 변화한다. 이 평면에서의 색채변화는 건축공간에서의 전개에 따라 더욱 풍부한 현상을 보여준다. 랑크로의 작업 중에서 보았던 색채공간의 이해에 필요한 것은 색채심리학보다는 색채의 현상학이었다.

여기서 잠시 색채의 현상학에 대해 다뤄보고자 한다. 배경색의 차이에 따라 색채가 변화하는 것을 전생애에 걸쳐 추구한 대표적인 화가는 조셉 알바스이다. 예일 대학에서 1963년에 출판된 『색채의 상호작용*Interaction of Color*』 속에는, 실크로 인쇄된 아름다운 도판이 많이 수록되어 있으며, 이러한 도판은 다양하고 불가사의한 색채의 '인상'을 체험시켜 준다.

먼저 학생에게 색채의 불가사의를 체험시키기 위해 알바스가 연구한 성과를 사용했다. 배경색에 의해 그림의 색채가 변화되어 보이는 동시대비 실습에서는 많은 학생들 속에서 놀라움의 탄성이 나왔다. 적당한 색채선택에 의해 그림이 된 색채는 믿을 수 없을 정도로 변화되어 보인다. 시험 삼아 몇 가지 도판을 준비했다._{그림 1-8, 10, 12}

흰 종이와 검은 종이, 그리고 그 중간 정도의 그레이 종이를 준비한다. 그림 1-8과 같이 흰색과 검은색 종이를 나열하고 그 위에 작게 정방형으로 자른 그레이 종이를 놓는다. 이것을 잘 관찰하면 같은 색이 될 것 같은 그레이의 밝음이 변화되어 보인다. 흰 종이 위에 놓은 그레이는 조금 어두워 보이게 되며 검은 종이 위에 놓인 그레이는 밝게 보인다. 원래는 완전히 같은 그레이라는 것을 알고 있더라도 밝음은 다르게 보인다.

정방형의 그레이를 더욱 자세히 관찰하면 이 중에서도 미묘한 변화가 일어나는 것을 알 수 있다. 흰색 위에 놓인 그레이는 그 중심부보다도 주변으로 갈수록 어둡게 되어 있다. 검은색 위의 그레이는 역으로 주변에 가까울수록 밝게 되어 있다. 이것이 연변대비라는 효과로 인간은 옆의 색채와 대비를 강조해서 지각한다. 인간은 이 연변대비의 효과에 의해 조그만 색채를 지각하며 7백만 색 정도로 늘어난 수많은 색을 구별할 수가 있다.

그림 1-9는 차츰 밝음이 변화하는 색표를 나열해 놓아둔 것으

조셉 알바스(Josef Albers)
화가. 1888년 독일에서 출생. 1920년 와이마르의 바우하우스에서 예비과정을 졸업. 1923년 크레프트과의 교사가 됨. 1933년 바우하우스의 폐쇄와 함께 미국으로 망명. 블랙 마운틴 칼리지(노스웨스트)의 교사가 됨. 후에 하버드대학, 울름 조형대학, 예일대학 등에서 교편을 잡으면서 「정방형 찬곡」 등의 많은 작품을 남긴다.

동시대비(Simultaneous Contrast)
같은 색이 배경색의 차이에 따라 다른 색으로 보인다. 배경색이 검은색이면 밝은 색으로 지각되며, 유채색의 경우에는 배경의 보색이 들어간 색으로 지각된다.

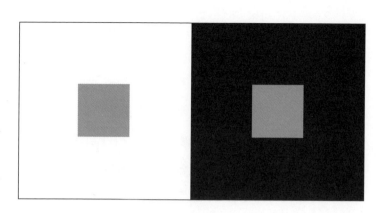

그림 1-8

명도의 동시대비. 중앙의 정방형은 같은 밝기의 그레이지만, 밝음의 정도가 다르게 보인다. 또한 연변대비에 의해 중앙 정방형의 중심부와 주변에서 밝음의 변화가 생긴다.

그림 1-9

연변대비. 단순한 명도의 그라데이션이지만 색의 경계에서는 강한 대비가 보인다(밑). 실제의 연속된 산의 사진에서도 연변대비의 효과를 볼 수 있다(위).

그림 1-10
선명함의 동시대비. 선명한 배경색 위에 있는 색은 탁해 보이고, 저채도 배경색 위에서는 반대로 선명하게 보인다.

그림 1-11
여름에는 선명하게 보였던 적갈색의 나무다리도 주변 수목의 색이 선명한 단풍으로 물들면 채도가 떨어져 보인다.

그림 1-12
색상의 동시대비. 두 색의 배경 위에 놓은 색은 똑같음에도 배경색상의 차에 의해 보이는 것이 크게 달라진다.

로 연변대비에 의해 같은 색 중에서도 연속적으로 밝음이 변하는 양상을 알 수 있다. 완전히 단순한 명도의 그라데이션이지만 색채가 변하는 과정에서 대비가 강조되어 있다. 멀리 보이는 겹겹이 늘어선 산기슭에 안개가 끼인 것과 같이 희게 보일 때가 있는데 이것 역시 인간의 지각이 만들어 낸 연변대비의 효과로 알려지고 있다.

다음은 그림 1-10과 같이 밝음이 아닌 배경색채의 선명함을 변화시켜 보자. 먼저 배경에 있는 두 색의 중간 정도의 선명한 색지를 준비해 각각의 위치에 놓는다. 이 때 연변대비의 효과를 고려하여, 배경색과 접하는 부분을 되도록이면 크게 잡도록 한다. 위에 놓는 작은 정방형을 더욱 작은 정방형으로 분할해, 세밀한 스트라이프 무늬로 하여 배경색과 접하는 부분을 크게 하면 더욱 큰 효과가 얻어진다. 이러한 상태로 하여 위에 놓은 색채를 자세히 관찰하면 이번에는 선명함에 변화가 일어나고 있음을 알 수 있다. 선명한 배경색 위의 색은 다소 둔하게 보이게 되고, 선명함을 억제한 배경색 위에서는 같은 색이 다소 선명해 보인다.

여기서도 색채는 배경에 의해 전혀 다른 인상으로 변해 버린다. 선명하다고 생각한 색도 더 선명한 색 앞에서는 퇴색되어 버린다.

수년 전, 우리는 히로사와弘前 앞에서 흥미로운 체험을 했다. 당시는 히로사와시의 의뢰로 환경색채조사를 행하고 있었는데, 여름에는 주변 수목의 녹색과 대비되어 선명해 보이던 붉은 목조의 다리가 가을이 다가오면서 전혀 다르게 보였다. 그 해는 단풍이 아름다웠고 주위의 수목이 진한 빨강에 가까운 색이어서, 그 선명함 탓인지 다리의 적갈색은 온화한 갈색으로 보였다. 이렇듯 실제의 환경 속에서도 동시대비는 일어나고 있다.^{그림 1-11}

명도와 채도의 차이에 따라 생기는 동시대비 효과는 색상의 변화에 따라서도 일어난다. 그림 1-12에서는 배경색의 색상을 변화시켰다. 여기서는 채도가 떨어져 오른쪽 위에 놓은 색과 왼쪽의 배경색이 가까워 보인다. 두 색의 배경 위에 놓은 색은 거의 같다.

배경색과 위에 놓인 색과의 관계를 더욱 주의 깊게 관찰하면 세 가지 색을 사용했는데도 대부분 두 가지 색만 보이게 되는 현상이 일어난다. 도판의 제작자는 색상 위에 놓은 색지와 도판 속의 색지가 같은 색임에도 불구하고 믿을 수 없을 정도로 변화롭게 보이는 것에 놀라게 된다.

색채의 상호작용

동시대비의 효과가 나타내는 것처럼 색채는 상호작용에 의해 다양하게 변화한다. 이러한 변화는 색채에만 일어나는 것은 아니다. 우리들의 감각은 항상 동시대비의 예와 같이 주변상황에 따라 상대적으로 판단을 내린다. 예를 들어, 피부감각에 대해서는 다음과 같은 실험이 있다.

먼저 세 개의 세면기를 준비해 눈 앞에 나열해 놓고, 왼쪽에는 뜨거운 물을, 오른쪽 세면기에는 차가운 물을 넣는다. 그리고 중앙의 세면기에는 뜨거운 물과 차가운 물의 중간 정도의 미지근한 물을 넣어 둔다. 이렇게 준비한 후, 왼손을 냉수에 넣고 오른손을 뜨거운 물에 넣는다. 1분 정도 그 상태로 둔 후, 양

손을 빼내어 중앙에 놓아둔 미지근한 물에 넣는다. 그러면 미묘한 감각이 일어난다. 그때까지 냉수에 넣어 두었던 왼손은 미지근한 물을 따뜻하게 느끼고 온수에 넣어 두었던 오른손은 같은 미지근한 물을 차갑게 느낀다.

시각은 하나의 세면기에 넣어둔 동일한 미지근한 물이라는 정보를 보내어도, 그때까지 상황을 상대적으로 판단한 피부감각의 정보가 이겨 버리는 것이다.

인간의 감각은 상황과의 관계성을 계측하는 것이다. 이러한 인간의 감각과 물리적 현실과의 차를 착각이라 부르며 물리적으로 정확한 세계를 부정하여 파악하는 것으로 생각되어 왔지만, 주위의 상황이나 그 사전에 있었던 것에 상대적으로 움직이는 인간의 감각이 환경 속에서 살아나가기 위해서는 없어서는 안 될 능력이다.

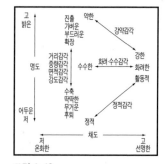

그림 1-13
톤과 컬러 이미지

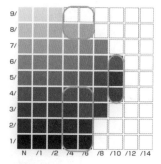

그림 1-14
먼셀 표색계와 톤

주변환경을 생각한다

지금까지의 색채계획은 색채심리 속의 컬러 이미지가 중요한 설명재료가 되어 왔다그림 1-13, 14. 현재까지도 이 경향은 변하지 않아 보인다. 상품의 색채계획만이 아닌 건축과 토목의 색채계획에서도 색채심리부터 끌어내 온 컬러 이미지는 강한 영향력을 가지고 있다. 바다 근처에 걸친 가교이기 때문에 쿨한 이미지의 마린 블루로 도장한다든지, 상가에는 활기가 필요하므로 빨강을 많이 사용해야 한다는 것과 같은 이야기가 지금도 자주 들을 수 있다. 이러한 색채심리의 신비적인 측면을 지나치게 중시해, 안이하게 색채계획에 응용하는 것은 피해야만 한다.

동시대비에서 보이는 것과 같이 색채는 사용할 장소에 따라 그 이미지가 달라진다. 특히 건축과 토목을 다루는 온화한 저채도 색에 대해서는 색채심리 효과보다도 색채상호의 관계성을 배려해 보다 면밀히 검토해야만 한다.

색채는 환경을 구성하는 모든 요소와 관계하고 있지만 완전히 동일한 환경은 존재하지 않는다. 색채는 이 각 환경의 차이에 따라 상대적으로 지각된다. 이러한 장소성의 문제를 염두에 두고, 컬러 이미지 또한 상대적으로 생각해야 할 것이다. 적색은 따뜻하고 강한 이미지를 가진 색이지만 주변에 좀더 선명한 적색이 있으면 색이 바래 보인다. 상품색채와 같이 여러 곳의 환경을 이동하는 것은 배경이 일정하지 않기 때문에 절대적이라고는 말할 수 없더라도 컬러 이미지를 중요한 무기로 할 수밖에 없지만, 건축과 토목 구조물은 그것이 놓여지는 장소를 중요한 의미로 가지고 있다^{그림 1-15}. 색채는 주변에 있는 것과의 상호관계를 통해 각각의 색이미지를 규정해 가는 것이다.

최근 가교의 색채를 검토하는 위원회를 설치하는 곳이 늘고 있다. 색채를 개인의 취미나 기호만으로 결정하지 않고 많은 학식과 경험을 통해 검토하는 것은 좋지만, 여기서도 위원회의 존재를 강조한 나머지 색채를 지나치게 주장하는 경향이 있어 보인다.

가교의 색채를 항상 채도가 낮고 눈에 드러나지 않도록 하는 것만이 좋은 것은 아니지만, 눈에 드러나도록 할 때도 주변색채와의 관계성의 조정을 필요로 한다. 또한 지역에서 생활하는 사람들에게 무엇을 눈에 띄게 하고, 무엇을 억제하는 것이 유익한가를 종합적으로 검토할 필요가 있다.

그림 1-15
배경과의 관계가 중요한
가교의 색채

만드는 사람의 논리로 색채의 관계성을 검토하지 않고 눈에 띄는 것을 난립시키게 되면 결코 풍부한 경관은 만들어지지 않는다.

관계성의 디자인과 색채 컨트롤

이렇듯 환경색채디자인에서는 색채의 관계성을 중시한다. 한 동의 아파트 외벽을 검토하는 경우에도 주변의 환경색채조사는 꼭 실시한다. 색채는 동시대비에서 보이는 것과 같이, 주변의 색채와 상대적으로 지각되므로 주변의 색채파악은 중요하다. 오일 쇼크 이후는 슈퍼 그래픽의 지나친 확산이 지적되어 색채가 다소 소극적인 시대였고, 특히 이 시기에는 아파트를 중심으로 한 외장에 벽돌이 널리 사용되었다. 갈색 벽돌은 차분하고 고급스러운 이미지를 가지고 있다는 이유였다. 그러나 그때까지 난색계의 오프 화이트가 많이 사용되었던 일본의 도심부에서는 적갈색 벽돌로 지은 아파트가 지나치게 늘어나 거리의 연속성을 무너트린 경우도 적지 않다.

환경색채디자인에서는 주변의 색채에 대해 어떠한 색채를 사용했을 때 거리가 아름답게 보이는가를 검토한다. 사계절 아름다운 표정의 산들을 배경으로 자연소재로 만들어진 일본의 민가는 차분해 보인다. 이 민가를 흰 건축물이 많은 도심부로 가져오면, 어둡고 무겁게 보인다. 반대로 도심부의 근대적인 흰 건축물은 산 속에서는 지나치게 눈에 띈다. 한때 국민숙소의 외벽에 흰색을 많이 사용한 적이 있었지만, 살아 있는 자연풍경을 즐기려고 해도 이 흰 외벽색이 방해가 된 곳도 많다. 아름다운 경관을 만들기 위해서는 경관을 구성하는 색채의 관계성에 대한 고려는 불가결하다.

환경색채디자인은 이 20년 동안 착실한 진보를 계속해와 경관형성을 위한 확실한 지위를 획득해 가고 있다. 건축계획 속에서도 색채의 검토시기는 이전보다도 훨씬 빨리 시작되게 되었다. 건축계획과 병행하여 또는 실제의 건축계획보다도 전부터 지역의 도시디자인에 관한 토론과 함께 색채의 바람직한 방향을 검토하는 곳도 늘어나고 있다. 색채검토를 지역의 경관형성의 상위 문제로 선행하고 있는 곳도 많다.

그림 1-16, 17, 18은 요코스카시橫須賀市 해안 뉴타운의 경관검토를 위해 작성한 도판이다. 미래의 경관이미지를 명확히 전달하기 위해서는 이러한 착색패널은 유효하다. 이 지구의 경관형성 방침은 다음의 4가지로 정리할 수 있다.

1. 밝은 바다에 비치는 거리를 만들자.
2. 자연경관과 조화된 차분한 거리를 만들자.
3. 복합도시로서 다양한 변화가 있는 경관을 만들자.
4. 즐겁고 활기 넘치는 개성있는 거리를 만들자.

이 지구는 상업, 문화시설 구역과 업무시설 구역, 주택시설 구역 등으로 나누어져 있다. 색채는 경관형성 방침에 준하여 각 구역의 성격을 보다 강조하도록 조정했다. 종합적인 구역 간의 관계성의 조정을 통해 보다 효과적인 경관형성이 진행된다.

또한 세부적인 컬러디자인은 실시설계 단계에서 다시 한번 조정되지만, 그 단계에서 색채가 보다 효과적으로 사용될 수 있도록 사용색채 범위의 검토만이 아닌, 배색, 색채가 사용되는 위치, 소재이미지 등을 배려하여 색채의 방향성을 정했다.

이후로 색채의 검토는 전체계획 속에서 보다 종합적으로 행해지게 될 것이다. 도시에는 컨트롤되지 않는 색채의 범람이 매력적인 지구도 있으므로 그러한 지구를 지속시키는 것까지 포함한 종합적인 검토가 필요하다. 색채는 상호관계를 통해 그 이미지가 결정된다. 환경색채는 각각의 색의 좋고 나쁨이 아닌, 색채간의 관계성이 가장 중요시되어야 한다.

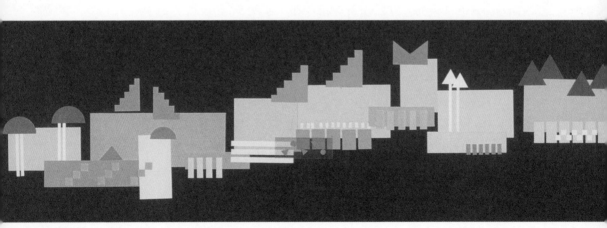

그림 1-16
뉴타운의 색채계획(상업 · 문화 구역)

그림 1–17
요코스카시 해변 뉴타운의 색채계획. 지역의 경관형성방침을 기본으로 검토된 외벽의 색
채. 도시형 입체공장 구역의 컬러이미지

그림 1–18
주택 구역의 컬러이미지. 각 지구 관계성의 종합적인 컨트롤을 통해 보다 효과적인 경관
이 형성된다.

제 2 장
유목성의 체계

제2장 유목성의 체계

1장의 '색채의 관계성과 컨트롤'에서는 배경에 따라 다양하게 변하는 색채의 양상을 소개했다. 색채를 다룰 때는 이러한 관계성의 조정이 중요하다.

다음으로는 관계성의 조정을 포함해, 색채의 유목성문제와 그 조정방법을 생각해 보고자 한다.

유목성(誘目性)
표식과 광고 등의 색채기능 특성을 검토할 때 고려되는 것으로 눈에 띄는 정도, 자극의 강한 정도를 말함.

자연계에 있어서의 그림과 배경

약 1억 5천만 년 전에 출현한 최초의 종자식물의 꽃색은 녹색이었다고 생각되고 있다. 그 시대의 식물은 화분을 바람이나 물로 운반하는 매우 비경제적인 방법에 의존하고 있었지만, 그 후 화분의 이동을 곤충에게 맡기는 방법이 발견된다. 화분의 이동을 가장 편하게 실현한 식물이 그 후 오랫동안 살아 남게 된다. 곤충을 끌어들이는 색채는 최초 돌연변이에 의해 생겨났다. 색감각을 가지고 있지 않은 곤충에게 있어서도 그 대비는 보다 선명하게 비춰졌다. 색채와 함께 향기나 꿀 등도 생성되어, 식물과 곤충의 관계는 보다 깊어지게 된다. 꽃은 더욱 진화해 화분을 산포하는 데 가장 적합한 곤충을 끌어들일 수 있게 되었다.

우리들 인간에게는 모든 꽃이 아름답고 매력적으로 보이지만 그것은 식물이 동물에게 걸어둔 함정일지도 모른다. 식물은 동물을 끌어들이는 색채를 오랜 시간을 걸쳐 몸에 익혔다.

도시풍경에 활기를 가져오는 선명한 광고·사인의 대다수 색채도 자연계의 꽃과 같이 사람을 끌어들이기 위해 경쟁하며 선명한 원색을 사용한다. 이러한 색채의 사용방법은 동물을 끌어들이는 식물에게 배운 것인지도 모른다.

형태에 있어서의 주제와 배경

색채는 주변환경에서 분리되어 눈에 드러나기 위해 많은 일을 하고 있다. 꽃은 녹색과 대비적인 선명한 색채로 곤충을 부른다. 색채의 이미지는 주변색채와 상대적이며 배경에 따라 그 이미지가 미묘하게 변화하지만, 기본적으로는 선명하고 채도가 높은 색채일수록 유목성이 높고 눈에 잘 드러난다. 그렇기 때문에 고채도색일수록 주역이 될 확률이 높다.

일반적으로 색채는 항상 형태를 동반하며 나타나기에 색채이미지는 형태와 깊이 관계하고 있다. 그렇다면 채도가 높은 색채는 유목성이 높지만, 구성이 깊고 눈에 띄는 형태란 어떠한 것일까. 여기서 평면에 있어서의 주제와 배경의 관계를 간단히 생각해 보자.

그림 2-1은 수직·수평과 45도의 사선으로 구성된 도형이다. 선의 규칙적인 반복으로 인해 그려진 도형으로 여기서는 단순한 선이 아닌 몇 개의 화살표로 보인다. 오른쪽 방향 화살표와 왼쪽 방향 화살표가 접하여 연결되어 있어, 선이 아닌 면으로

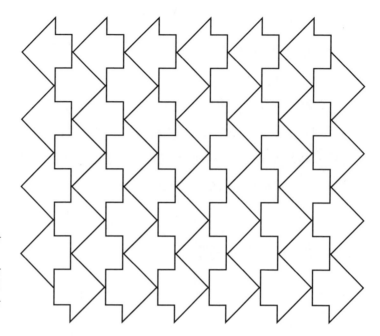

그림 2-1
오른쪽 방향과 왼쪽 방향 화살표가
보인다.
오른쪽 방향 화살표를 보고 있을
때는 왼쪽 방향 화살표는 배경이
되어 양쪽의 화살표를 동시에 볼
수는 없다.

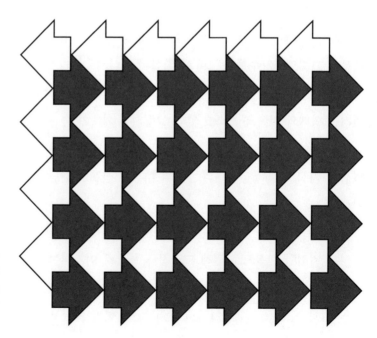

그림 2-2
오른쪽 방향 화살표를 착색해 보자.
이 때, 오른쪽 방향의 붉은 화살표
는 그림으로 지각될 확률이 높지만,
왼쪽 방향의 흰 화살표 역시 주제가
될 수도 있다.

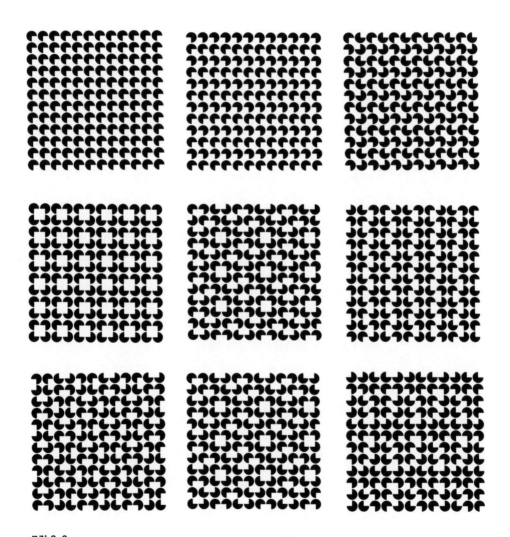

그림 2-3

정원의 4분의 1을 자른 유닛을 시메트리의 조작개념인 평행이동, 회전, 반사로 인해 전개
한 형상. 같은 모양의 유닛으로 다양한 형상이 나타난다.

지각된다. 선의 집합이 아닌 화살표라는 정리된 형태로 보이는 것은 게슈탈트 심리학자들이 말하는 폐쇄의 요인에 의한 것이다. 또한 여기서는 오른쪽 방향 화살표와 왼쪽 방향 화살표 양쪽 다 볼 수 있지만 그것들을 동시에 다 볼 수는 없다.

오른쪽 방향 화살표를 보고 있을 때는, 왼쪽 방향 화살표는 오른쪽 방향 화살표의 배경이 되어 형태를 가지지 않고 퍼져 간다. 반대로 왼쪽 방향 화살표를 보고 있을 때는 오른쪽 방향 화살표는 배경이며, 형태를 가지고 있지 않다. 신경을 집중시켜 오른쪽 방향 화살표만을 주제로 읽어들이는 것도 가능하지만, 그 상태는 영원히 지속되지 않으며 왼쪽 방향 화살표로 반전되어 버린다.

그림 2-2에서는 오른쪽 방향 화살표를 착색해 봤다. 붉게 착색된 오른쪽 방향의 화살표는 주제로 지각될 확률이 높다. 그러나 붉은 화살표의 배경이 되어 있는 왼쪽 방향 흰 화살표도 또한 그림이 될 수 있다. 이 때 왼쪽 방향 화살표의 흰색은 주위로 퍼지는 배경인 흰색과 같은 색이지만, 주제로 지각될 때는 배경보다도 더 희게 보인다.

창조하는 눈

그림 2-3은 같은 유닛을 대칭symmetry의 조작개념으로 전개해, 다양한 도상을 생성시킨 예이다. 이 주제를 구성하고 있는 유닛은 정원의 4분의 1을 자른 형태이다. 이 유닛을 대칭조작 개념인 평행이동, 반전, 반사 그리고 그것들의 조합으로 전개했다.

여기서 이러한 기법에 따라 생성된 9개의 형태를 나타내 보면, 완전히 같은 형태가 동수의 유닛에 의해 다양한 도상으로 나타나는 것을 알 수 있다. 각 도판을 잘 관찰하면 주제와 배경의 반전이 읽혀진다. 직각으로 잘려진 부분이 상호관계를 통해 새로운 형태를 생성한다. 그것들은 정방형이며 또한 유닛 밑에 감춰진 정방형이기도 하다.

정방형이 두드러져 보이는 것은 3단째의 두번째 도판이며, 여기서는 유닛보다도 정방형의 이미지쪽이 보다 안정되어 있다. 여기서는 본래 주제였던 유닛이 배경이 되며, 배경이었던 흰 공간이 정방형으로 읽혀진다. 이 때 정방형의 흰색과 원형의 유닛은 밖으로 퍼져 나가고 있는 배경의 흰색과는 질적으로 달라 보인다.

주제가 되어 있는 정방형의 흰색은 보다 밝은 흰색으로 지각되지만, 그 외의 배경인 흰색은 주제가 된 정방형의 흰색과 연결되어 있음에도 불구하고 색을 가지지 못하고 후퇴되어 끝없이 퍼지는 것처럼 느껴진다. 주제와 배경의 반전은 다른 도판에서는 이 정도로 두드러지지 않지만, 자세히 관찰해 보면 유닛 밑 혹은 위에 다양한 방형이 나타났다가 사라진다. 나타난 방형은 안정되어 있음에도 계속 보고 있으면 본래의 주제로서의 유닛이 우세해지는 상태를 반복한다. 눈은 이러한 도상을 만들고, 경험에 비추어 가장 적합성이 높은 이미지를 선택하게 된다.

그림 2-4를 보자. 여기서는 세 개의 꺾인 선이 나열되어 있다. 처음은 어떤 의미인지 모르지만 "이것은 영문자 E입니다"라는 정보를 전해주면 꺾인 선이 곧 E자의 음영이 되어 연상된다. 이렇게 보는 방법을 경험하면, 처음은 의미 없는 세 개의 꺾인 선으로 돌아가는 것은 쉽지 않다. 어떤 굵기를 가진 E가 확실히

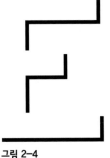

그림 2-4
영문자 E의 윤곽선

그림 2-5
도시의 풍경. 여러 가지 선명함을 가진 색채가 모여 있지만 그곳에는 확실히 유목성의 법칙이 있다.

무채색

유목성이
(눈에 잘 띄지

●불변   ●약
●장기적   ●정
●큰 면적   ●베

자연적 경관요소

인공적 경관요소

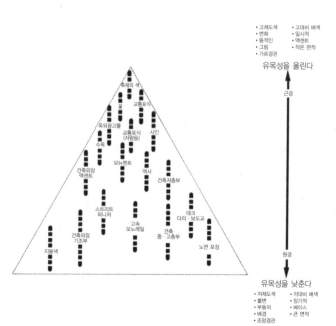

· 고채도색   · 고대비 배색
· 변화   · 일시적
· 동적인   · 액센트
· 그림   · 작은 면적
· 가로경관

유목성을 올린다

근경

축제의 색
꽃   교통표식
옥외광고물   교통표식
수목   (차량동)   사인
        모뉴멘트   역사
건축외장   건축저층부
액센트
        스트리트   데크
        퍼니처   다리·보도교
건축외장   고속   건축
기초부   모노레일   중·고층부
지붕색   노면 포장

원경

유목성을 낮춘다

· 저채도색   · 저대비 배색
· 불변   · 장기적
· 부동의   · 베이스
· 배경   · 큰 면적
· 조망경관

그림 2-6
유목성의 체계(예)
경관요소의 색채의 질서 짓기

저채도

 중채도

 고채도

유목성이 높은
(눈에 잘 띄는)

- ●변화　　●강한 대비
- ●일시적　●동적
- ●작은 면적　●액센트

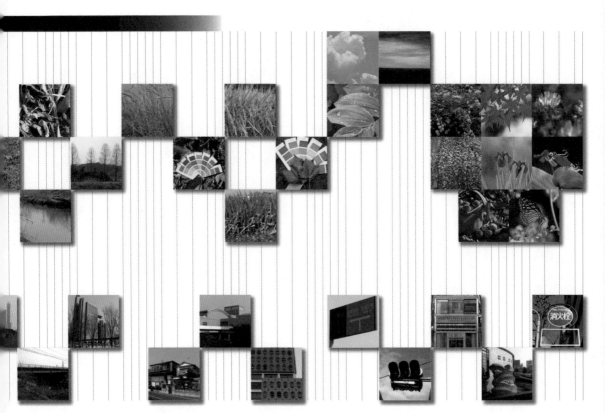

그림 2-7 여러 가지 색채를 가진 경관요소를 일반적인 유목성의 위치관계로 조정해, 기준이 될 채도의 색채를 표시한 그림

보이게 되어, 배경과 같은 흰색이 있음에도 불구하고 우리는 E에 실제로는 없는 윤곽선을 보충하고 있다. 이렇게 보는 방법은 영문자 E를 모르는 사람들에게는 일어나기 힘들다. 경험과 학습을 통해 보는 방법이 변화한다.

눈은 매우 창조적이다. 이차원평면에서는 많은 화가가 이러한 세계에 주목하여 깊은 시각현상까지 파고들어 왔다. 이러한 창조적인 눈은 실제 환경을 볼 때도 움직이고 있는 것이 분명하다. 예를 들어, 자동차의 한편을 보는 것만으로도 반대편을 상상할 수 있다. 실제로 보여지고 있는 것에 경험이 보충시켜 주고 있는 것이다. 눈은 이렇게 고도로 창조적이지만 평면에 있어서 주제와 배경의 반전과 같은 현상을 우리가 생활하고 있는 환경 속에서는 거의 경험하기는 어렵다. 벽면과 도로의 평면적인 패턴에 반전도형을 볼 수도 있지만 깊이를 가진 환경에서는 주제와 배경의 반전이 일어나기는 어렵다.

형태는 조금의 음영에도 견디지 못하고 움직이는 우리의 눈을 통해 정확히 지각된다. 경사면에서 보이는 정원은 타원형으로 보이지만 우리는 벽면의 기울기나 그림자 등, 다양한 주위의 상황으로부터 정원임을 지각한다. 평면의 정지화상과 같이 그림과 배경이 같은 값이 되어 반전하는 상황은 실제의 환경에서는 거의 일어나지 않는다. 실제 환경에서는 물체가 주위의 환경으로부터 명확히 분리된 그림으로 보인다.

눈을 끄는 채도

우리는 다양한 것들에 둘러싸여 생활하고 있다. 어떠한 것들이 우리들의 눈을 더욱 잡아 끌 수 있을 것인가. 형태의 유목성에는 무엇에 기인하고 있는 것일까. 주위의 환경에 대해 이질적인 형태를 가진 것들은 눈에 띈다. 예를 들어, 숲과 같이 유기적인 자연물 속에 놓인 각이 진 인공물은 눈에 띈다. 또한 보통의 생활에 익숙해져 있지 않은 것들도 우리들의 눈을 끈다. 부자연스럽게 큰 것도 눈에 뜨일지 모른다. 그러나 어떠한 형태가 유목성이 높은가는 상당히 애매해 보인다.

그림 2-5를 보자. 여기서는 일본의 도시에서 자주 발견되는 풍경이 비춰져 있다. 이러한 도회지의 경치 속에서 보다 눈에 뜨이는 것은 무엇일까. 광고·간판류가 있으며, 녹색의 수목도 보인다. 차도 보이며 보행하고 있는 사람들도 보인다. 이러한 것 중에서 무엇을 보는가는 우리가 보는 의지에 따라 상당 부분 변화한다. 예를 들어, 은행에 가고 싶을 때는 은행의 사인을 찾고, 그 외의 것들은 배경으로 그다지 인식하지 않는다. 형태의 유목성은 우리들에게 보는 의지를 일으킬 정도로는 강하게 작용하고 있지 않아 보인다. 본래 형태는 사인이 아닌, 그 내면의 기능으로부터 만들어져 있다. 그 때문에 형태를 외부에서부터 보는 것만으로 의미를 규정짓는다는 것은 있을 수 없다.

색채에는 확실히 유목성의 법칙이 있어 보인다. 색채는 처음부터 동물을 부르는 사인의 성격을 가지고 있다. 유목성은 색채의 채도와의 관계가 강하다. 색상, 명도, 채도인 색의 3속성 중에서도 선명함의 정도가 유목성과 특히 깊은 관계가 있다. 1장

'색채의 관계성과 컨트롤'에서 서술한 것과 같이 색채이미지는 주변의 상황에 따라 상대적인 것이다. 그 때문에 선명한 색채가 넘치는 꽃밭 속에서는 흰색이나 무채색이 상대적으로 눈에 띄는 현상이 일어나겠지만, 환경 전체로 보면 베이스가 되어 있는 큰 면적을 점하고 있는 색은 저채도색이다. 이러한 기본적인 경향은 인공적인 도시환경에 있어도 바뀌지 않는다. 고채도색은 아름답고 매력적이지만, 원색만으로 둘러싸인 환경에서 인간은 차분해질 수 없다. 인간이 차분하게 생활해 나가기 위해서는 채도의 적절한 밸런스가 필요할 것이다. 환경의 색채계획을 행할 때는 사전에 색채의 유목성에 주목해 그것들의 질서를 잡는 것이 중요하다.

유목성의 체계

그림 2-6은 우리가 유목성의 체계라고 부르는 지도이다. 환경색채계획의 대상지구의 경관요소를 골라내어, 유목성의 필요도에 따라 순위를 정한 그림이다. 정삼각형의 상부에 놓여져 있는 요소가 이 지구에서 높은 유목성을 필요로 하는 것, 그리고 저변 가까이에 적혀져 있는 요소는 유목성을 그다지 필요로 하지 않는다고 판단되는 것이다. 이러한 유목성의 체계는 색채계획 대상지의 성격과 도시만들기 컨셉트에 따라 달라진다. 이 지구에서 건축물과 도로포장 등 도시경관 속에서 큰 면적을 점하는 요소는 수목의 채도를 넘어서지 않아야 한다. 이러한 컨트롤에 의해 도시경관 속에서 수목의 녹색이 건축물보다도 높은 색채의 유목성을 전할 수 있다.

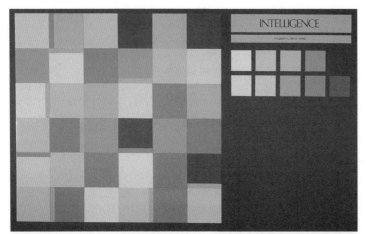

'파레 타치가와' 기조가 된 세 가지
컬러 이미지의 검토안.
저채도의 톤 조화형의 색조를 기조
로 한 C안이 선택되었다.

그림 2-8 A안

그림 2-9 B안

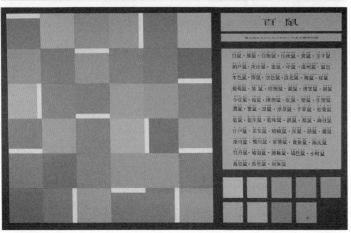

그림 2-10 C안

이 지구의 건축물에서는 기단부와 중·고층부를 분절하는 디자인이 실험되고 있으며, 보행자 경관에 중요한 저층부의 색채를 중·고층부보다도 높여 보다 활기가 느껴지도록 하고 있다. 또한 지금까지 옥외 광고물에는 가장 고채도의 원색사용이 일반적이었다. 지나친 조명을 가진 것이나 점멸하는 광고 등 눈에 띄는 것이 많이 있었지만, 적어도 이 지구에서는 건축의 중·고층부에 부착하는 광고·사인류의 선명함이 교통표식을 넘어서지 않도록 설정하고 있다. 행사 때의 색채는 단기간이며, 계절감을 연출하는 중요한 요소이므로 보다 채도가 높은 색채의 사용을 허용한다. 이 단계에서는 구체적인 각 경관요소의 색채를 정하고 있지 않다. 이 지구에 만들어진 경관요소 상호간의 유목성의 순위를 컨트롤하고자 하는 것이다.

이러한 생각은 각 디자인분야에 있어 경관의 관계성과 종합성을 파악하기 위해서도 유효하다. 색채를 축으로 먼저 종합적으로 무엇을 드러나게 하고, 무엇을 억제할 것인가에 대한 판단을 이 지구에 참가하는 디자이너가 공유하는 것이 중요할 것이다. 이러한 유목성을 축으로 하는 색채컨트롤의 개념은 이후 디자인하게 될 새로운 도시이미지의 공유에 도움이 될 것이다. 실제로 색채는 이러한 이미지가 공유화된 후에 검토되어야 한다.

이러한 색채개념을 형태에 전개하는 것도 검토되고 있다. 지구 내의 건축물에 대한 기준을 만들어 통일감을 강조하고, 랜드마크성을 높여야 할 건축물은 그 기준과는 의식적으로 대비시켜 보다 눈에 드러나도록 하는 방법도 검토되고 있다. 몇 곳의 대규모 개발에서는 이러한 형태의 디자인 코드를 설정해 컨트롤하고 있는 예도 볼 수 있지만, 형태의 컨트롤은 색채보다 더

그림 2-11
색채컨트롤이 행해진 '파레 타치가
와' (1994년)

그림 2-12
모형에 의한 색채검토 A안

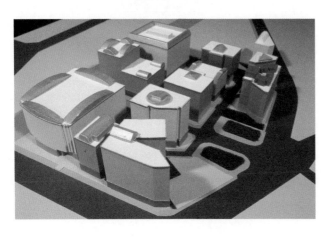

그림 2-13
모형에 의한 색채검토 B안

어려워 보인다. 어떠한 형태의 기준이 적절한 통일감과 적절한 변화를 만들어낼 것인가가 산출될 때까지는 아직 많은 사례를 쌓아나가야만 한다.

색채에 있어 유목성의 컨트롤에 대한 개념도 이제 막 시작된 것으로 그 효과는 충분히 검토된 것이 아니다. 그러나 도시경관의 구성요소 속에서는 무엇보다 강한 유목성을 고려해, '그림'이라는 성질을 강조하고자 한다면 형태보다도 색채쪽이 이해를 얻기 쉬울 것이다.

그림 2-7은 그림 2-6을 더욱 알기 쉽도록 사진을 더한 것이다. 여기서는 지금까지 우리들의 환경색채계획 경험에서 경관요소를 보다 일반적인 위치관계로 조정해 표준이 되는 색채의 채도를 나타낸 것이다. 이러한 유목성의 순위정렬은 자연계의 색채에서 배운 것이지만, 온화한 색조를 기조로 사계절 변화해가는 위대한 자연의 색채체계를 보고 있으면 아직 도시의 컬러 시스템은 빈약하게만 보인다. 색채는 지금 생각하는 이상으로 우리가 살아가고 있는 생활에서 중요한 부분을 책임지고 있음이 분명하다.

유목성의 컨트롤 – 파레 타치가와의 색채조정

토쿄도의 정중앙에 위치하는 타치가와시立川市에 1994년 10월 '파레 타치가와'가 완성되었다그림 2-11. '인텔리전트 시티'의 지정을 받아 정비된 파레 타치가와의 건축물은 차분한 채도의 낮은 색조로 통일되어, 세계적인 아티스트가 참가하여 설치한 환경예술이 인상적으로 비쳐지고 있다.

환경예술의 유목성을 조정하기 위해, 건축물과 도로포장의 색채는 차분한 저채도색으로 정돈되어 있다. 수목의 녹색과 선명한 환경예술이 인상적으로 보일 수 있도록 건축의 외벽기조색은 다시 한번 검토되어 그 색 영역이 디자인 가이드라인에 표시되었다.

□ 컬러의 거리

여기서는 선진적인 인텔리전시를 느낄 수 있는 도시경관의 형성을 위해 건축디자인 가이드라인이 책정되었고, 건축물은 이 속에서 기반부, 중·고층부, 정점의 3단 구성의 디자인이 의무화되었다. 도시에 활기를 만들어내는 기반부, 통일감을 만들어내는 중·고층부, 그리고 도시의 개성적인 실루엣을 만들어내는 정점, 색채도 이 3단 구성의 의의를 강조하도록 했다.

파레 타치가와의 환경색채디자인에서는 우선 전체의 기조색을 검토했다. 기조색은 3단 구성에서 가장 중요한 것으로 도시의 통일감을 만들어내는 중·고층부의 벽면에 사용하는 색채이다. 계획지 주변은 환경색채조사의 결과로부터 난색계의 고명도, 저채도색을 중심으로 조금 명도가 낮은 벽돌까지 분포하고 있는 것이 파악되었고, 파레 타치가와의 기조색의 선택은 이러한 주변환경색과의 관계를 착안했다.

주변환경과의 연속성과 가로수의 관계 등이 조정되어, 기조색은 주위의 저채도색을 중심으로 검토가 진행되었다. 주변환경과의 관계와 연속성, 그리고 새로운 인텔리전시 시티의 이미지 창조에 어울리는 색채의 이상적 방향 등이 검토되어 제1단계의 색채는 세 가지 방향으로 모아졌다. 인텔리전시 시티의 이미지를 강조하기 위한 한색계의 색채를 기조로 한 A안그림 2-8, 12, 주변 시가지의 기조색인 난색계를 기조로 한 B안그림 2-9, 13, 그리고 저채도의 톤 조화형의 색채를 기조로 한 C안그림 2-10이 다. 이 단계의 협의에서는 선진성을 강조해, 한색계를 기조로 한 A안이 선택되었지만, 건축의 실시설계 단계의 협의에서는 여러 가지 건축용도와 색채의 관계가 재검토되어, 폭넓은 표현 을 하기 좋은 톤 조화형의 배색인 C안이 실시설계안으로 선택 되었다.

□ 컬러디자인 가이드라인

결정된 C안은 톤을 조정한 난색계와 한색계의 모든 색상을 사용할 수 있지만, 이러한 기조색의 범위를 명확히 하기 위해 먼셀 색도계로 표현했다. 또한 색채이미지를 보다 확실히 전할 수 있도록 기조색 범위 속에 추천색을 선정해 그 색채를 첨부 했다.

먼셀 색도계
색입체로서 3차원으로 표현된 먼셀 표색계를 명도/색상, 채도/색상 두 가지 그림표를 조합하여 2차원으로 표현한 것(62쪽 참조)

기조색의 범위는 설계자의 표현의 자유도를 확보하기 위해 넓게 설정했다. 그로 인해 이웃한 건물상호의 색채조정을 행할 필요가 있었다. 색 수치로 설정범위를 좁게 하면 경관은 단순하 게 될 염려가 있다. 설계자의 창의적 노력이 도시경관에 적절한 변화를 전하도록 하는 기조색 범위의 설정이 필요하다. 파레 타 치가와에서는 기조색 범위를 넓혀, 세밀한 건축상호의 색채관 계는 현장에서 조정하도록 했다.

먼셀 색도계에서 기조색 범위를 지정하는 것은 색 수치의 설 정을 위해서는 명확하지만, 실시설계 단계에서는 다양한 상황 에 대응할 수 있도록 하기 위해 폭넓게 하는 것이 일반적이다.

그 때문에 세밀한 조정을 각 건축설계에 맞추어 다시 시행할 필요가 있다. 수치와 색표에 따른 기조색 범위의 설정은 기본적인 경관의 방해요인을 제거하기 위한 네거티브 체크적인 성격을 가진다. 적극적으로 창조적 색채계획을 행하기 위해서는 건축의 형태·소재와 보다 밀접하게 색채를 관계시킬 필요가 있으며 최종적으로는 세밀하게 조정할 사람의 판단이 필요하다.

□ **이웃한 건축의 색채조정**

파레 타치가와의 실시설계 단계에서는 먼저 색채계획의 내용을 재검토하기 위한 회의를 가졌으며, 지금부터 만들어 질 도시이미지를 확인했다. 컬러디자인 가이드라인에 따라 각 지구의 설계자가 실제 건축재의 색을 선택해 나갔다. 설계자는 이 단계에서 건축 상호관계를 생각하지 않고 넓게 설정한 기조색 범위 중에서 개개의 이미지에 맞는 색채를 자유롭게 선택했다.

다음으로 제출된 색채를 가로측 입면도에 착색해, 건축물 상호의 색채관계를 검토했다^{그림 2-14}. 그 검토결과를 바탕으로 각 구역의 설계자와 함께 건축상호의 조정을 행했다. 이웃한 건물의 색채가 지나치게 비슷할 때는 상호의 색조를 떨어뜨리도록 요청하거나 또한 반대로 기조색 범위 속에 선택되어 있어도 대비가 지나치게 강할 때는 색채를 서로 비슷하게 하도록 요청했다. 이러한 조정회의에서는 개별적인 색의 좋고 나쁨이 아닌, 파레 타치가와 전체의 도시이미지를 건축 상호관계로 창출해 나갈 것을 강조했다.

□ 건축재에 의한 색채검토

다음으로, 착색입면도에 따라 더욱 섬세한 건축상호간 색채의 관계성을 검토하기 위해, 컴퓨터 그래픽CG으로 3차원 시뮬레이션 모델을 작성하였다. 이 단계에서는 가로에서만이 아닌 다양한 시점에서 공간적인 건축상호의 이미지가 검토되었다.

이러한 검토를 통해 모아진 실제의 건축재를 가지고 대형 건축재 견본패널을 작성해, 현장에서 최종적인 색채를 조정했다그림 2-15. 그 최종단계에서는 색표로서 조정되지 않는 유리와 금속 새시 등의 소재색채를 조정하고, 거기에 각 건축물의 기단부, 중·고층부, 정점의 배색과 타일의 패턴 등을 조정했다.

이러한 대형 건축재 견본을 사용한 색채조정은 개개의 건축 현장에서는 통례가 되어 있었지만, 건축상호간 관계를 조정하기 위해 건축재를 나열하고 설계와 관련된 모든 설계자가 참가한 현장에서의 조정회의는 새로운 시도라고 생각된다. 파레 타치가와에서는 도시경관을 구성하는 요소 속에서 건축외장의 유목성 순위를 확인하고, 기조가 되는 색채범위를 설정해 그 색채범위 속에서 상호관계를 조정했다. 이러한 세밀한 색채조정을 통해 건축외장의 통일감이 만들어졌다. 온화하고 차분한 회색느낌의 건축색을 배경으로 환경예술과 수목의 녹색이 더욱 인상적으로 비친다.그림 2-16, 17

파레 타치가와에서는 유목성의 체계에 의한 모든 경관요소의 색채조정은 실현되지 않고 건축의 외장과 외부구조의 외장재만이 그 대상이 되었다. 그 때문에 꼭 높은 유목성을 필요로 하지 않는 요소가 고채도색을 사용하고 있는 부분도 있다. 향

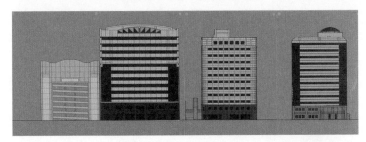

그림 2-14
각 설계자가 검토한 색채를 입면에
채색해 건물상호간 색채관계를 조
정했다.(상하)

후 파레 타치가와와 같은 도시개발에서는 색채의 유목성을 종합적으로 컨트롤해, 질서 있는 색채경관을 형성해 나가야 할 것이다.

그림 2-16
색채에 의한 유목성의 컨트롤이 실시되었던 파레 타치가와에서는 환경예술이 더욱 인상적으로 보인다.(상하)

그림 2-17
네온의 예술품이 비치는 밤의 파레 타치가와

제 3 장

환경의 색채조화

제3장 환경의 색채조화

3장에서는 환경에서의 색채조화에 대해 생각해 보자.

지금까지 색채학 분야에서는 많은 조화론이 연구되어 왔다. 이것들은 서양음악의 악보와 같이 색채의 관계에서 일련의 질서를 찾고자 하는 것에서부터 시작된 컬러 하모니를 기본으로 한 사고이다. 먼저 이러한 배색조화의 개념에 밀접히 관계하고 있는 표색계에 대해 다루고자 한다.

여기서는 일본에서 JIS가 채용한 먼셀 표색계와 컬러 하모니의 개념에 대한 큰 영향력을 가진 오스트발트 표색계, 두 가지를 다루겠다.

먼셀 표색계

먼셀 표색계는 미국의 화가이자 미술교사인 알버트 H. 먼셀이 창안하여 1905년에 발표한 색표계의 체계이다.

먼셀의 개념은 표색계 – Atlas of Munsell Color System – 로서 구체화되었다.

1929년 『*Munsell Book of Color*』의 초판이 간행되었고, 그 후 미국광학회OSA의 측색위원회가 과학적 검토를 더해 1943년에 수

알버트 H. 먼셀(Albert H. Munsell)
1858년~1918년. 미국의 화가, 미술교사. 1905년에 먼셀 표색계를 발표했다. 먼셀 표색계는 그 후 미국 광학회에 의해 수정먼셀 표색계로 개량되어, 현재도 폭넓게 사용되고 있다.

정면셀 표색계를 발표해, 이것이 현재의 표색계가 되었다. JIS표준색표는 이 수정면셀 표색계를 그대로 물체색의 표색계로 채용하고 있다. 면셀 표색계에 있어서 색의 표현방법은 색상·명도·채도의 각각 독립된 색의 3속성에 따라 하나의 색을 표시하는 형태를 가지고 있다.

□ **색상**(Hue)

색상은 색의 맛을 나타내며, 적R, 황Y, 녹G, 청B, 자P의 5색상을 기본으로 하고, 거기에 그 중간의 황적YR, 황녹YG, 청녹BG, 청자PB, 적자RP로 나뉘어진 10색상의 사이를 다시 4등분하여 합계 40색상을 원주상의 순위에 따라 배열하여 색상환을 형성한다. 그림 3-1

□ **명도**(Value)

명도는 밝음을 나타내며, 완전흡수의 이상적인 흑색을 0, 완전반사의 이상적인 백색을 10으로 하고 그 사이를 지각적으로 등간격이 되도록 10단계로 배열하고 있다.

□ **채도**(Chrome)

채도는 선명함을 나타내며 무채색축에 따라 동심원으로 배열되어 중심에서부터 멀어질수록 선명한 색이 되며 채도치가 높게 된다. 면셀 표색계는 일본에서 가장 일반적으로 사용되고 있는 물체색이다. 지각적인 등간격을 가지도록 척도화되어 있어 면셀 기호로부터 색의 유추도 비교적 용이하다.

면셀 기호는 HV/C 순으로 써서 나타내며 예를 들어, 5R8/2는

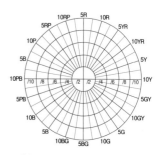

그림 3-1
면셀 표색계와 색상
면셀 표색계는 5R, 5Y, 5G, 5B, 5P의 5색상을 기본으로 그 사이를 분화한 40색상을 사용하고 있다.

'5알 8의 2'라고 읽는다. 또한 채도 0, 명도 3의 무채색은 N3.0과 같이 나타낸다.

오스트발트 표색계

오스트발트 표색계그림 3-3, 4는 근대 물리학의 아버지라고 불리우며 철학자이기도 한 독일의 빌헬름 오스트발트가 심리·물리적인 색을 체계적으로 정리한 표색계이다.

오스트발트는 물체의 색이 순색과 백색, 흑색의 혼합에 의해 구성되었다고 생각했다. 그리고 적·황·녹·청을 완전색으로 상정했다. 이러한 완전색은 레드, 레드 옐로우, 시 그린, 블루의 4색으로 2조의 보색쌍혼합하면 무채색이 되는 조합으로 구성되어 있으며, 심리적인 4원색이었다. 이 4색의 정원을 4등분하여 배치하고, 다시 2등분해 8색으로 늘여, 그 사이를 다시 3등분한 24색상색상 1~24을 색상환으로 구성했다.

그 중 하나인 순색과 백과 흑의 두 점을 연결한 삼각형을 동색상 삼각형이라 부르며, 백흑의 축을 중심으로 24개의 정삼각형이 둘러싼 형태가 오스트발트 색입체이다.

백색에서 흑색까지 사이의 a~p를 제외하고의 백흑을 포함하는 15개의 무채색을 배치하고, 순색에 해당하는 pa와 a 또는 pa와 p의 사이도 15색을 배치하여, 동색상 삼각형의 중심교차점에 계 105색의 유채색을 배치하였다.

오스트발트는 감각의 양과 물리적인 자극의 양이 상대적으로 변화한다는 베버-페크너의 법칙을 무채색축의 척도에 사용했다. 유채색부분에 있어 백색량과 흑색량도 같은 대수의 비율

빌헬름 오스트발트(Wilhelm Ostwalt)
1853년 라트비아 출생. 1932년 독일에서 사망. 오스트발트는 물리화학의 신분야를 개척해, 노벨화학상을 수상했다. 그가 고안한 오스트발트 표색계는 괴테의 색채론을 계승하고 있다.

베버 - 페크너(Weber-Fechner)**의 법칙**
페크너는 베버의 법칙을 기본으로 해 감각량 R은 자극강도 S의 대수에 비례하여 R=alogS(a는 정수)가 되는 식으로 표현된 대기법칙을 발견했다.

먼셀 표색계

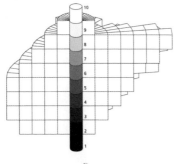

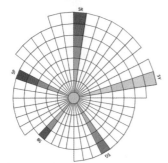

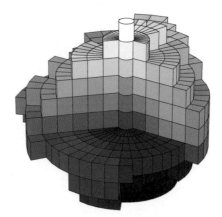

그림 3-2
먼셀 색입체
(색상 5R를 정면으로 한 그림)

명도 스케일 : 먼셀 색입체의 단면상에 무채
색의 명도변화를 표현한 그림(왼쪽 위)
채도 스케일 : 먼셀 색입체의 단면상에 5색상
의 채도변화를 표현한 그림(왼쪽 아래)

오스트발트 표색계

그림 3-3 오스트발트 색입체

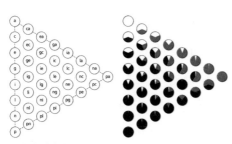

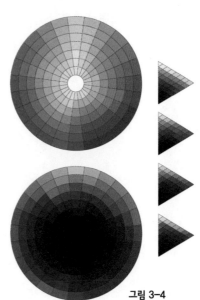

동색상 삼각형(왼쪽)
각 색표의 백·흑·순색의 비율(오른쪽)

그림 3-4
위에서 본 오스트발트 색입체(상)
아래에서 본 오스트발트 색입체(하)

로 정하고 있다. 오스트발트 표색계의 동색상형 내의 색은 동등한 주파장을 가지며, 같은 기호의 색은 백색량·흑색량·순색량이 같게 되는 극히 질서정연한 체계를 가지고 있는 것이 특징이다.

단, 안료 등의 색재료에서는 완전색이 얻어지지 않는 점이나 이론적인 색영역에서 벗어나는 순도가 높은 색이 존재하는 것이 이 표색계의 결점이다.

그러나 오스트발트 표색계는 컬러디자인의 시스템화에 조화배색이 되는 편리함이 있으며, 그 때문에 미국의 컨테이너·코퍼레이션·오프·아메리카사에서 컬러하모니 매뉴얼그림 3-4이란 이름으로 한 색상 28색으로 된 색표집이 발행되어 디자인계에서 많이 이용되고 있다.

등백색계열·등흑색계열·명암계열·등흑백량색환·사단면보색층 등을 사용한 조화배색과 24색상의 2·3·4·6·8·12로 나뉘어진 다색배색에의 응용성 등은 실제 컬러디자인에 유용하다.

환경에 있어서 색채조화의 세 가지 형태

컬러 하모니 매뉴얼의 형태로 정리되어 있는 오스트발트나 문 앤 스펜서의 색채이론에 대해서는 현재도 많은 색채관계의 책에 소개되어 있다. 어떠한 색의 조합이 미적인가는 오래 전부터 많은 색채연구자의 흥미를 끌어 왔다. 현재도 패션관계 분야에서 새로운 색의 조합이 매년 제안되고 있다. 그러나 배색조화론의 대부분은 평면에 있어서 동질의 색과 색의 조합을 취급하

문 앤 스펜서의 색채조화론
미국의 색채학자 문(P. Moon)과 스펜서(D. E. Spencer)에 의해 1944년에 고안되었다. 그들은 조화의 종류를 동일조화, 유사조화, 대비조화의 세 가지 조화영역으로 분류해, 부조화영역에 속하지 않는 애매한 관계가 생기지 않는 부분으로 정했다.

고 있기에, 환경색채가 다루는 다양한 형태나 소재를 가진 것들의 배색에는 지금까지의 색채조화론으로 해결되지 않는 부분이 많다. 환경색채에서는 색채끼리의 섬세한 관계 이전에 형태와 소재, 색채의 관계 또는 보다 넓은 경관구조와 색채의 관계를 좁혀 나가지 않으면 안 된다. 건축물색의 좋고 나쁨은 색채대비의 아름다움만이 아닌, 건축형태와의 정합성이 중요하며, 석재나 목재와 같은 필히 동질이 아닌 소재색과의 관계가 중요하다.

이러한 건축의 색채를 지금까지의 평면 배색조화만으로 논하는 것은 위험하다. 건축과 가교 등의 색채계획을 행할 때는 색채조화론의 지식보다도 건축과 가교의 형태나 소재에 대한 이해가 먼저 필요할 것이다. 형태와 소재 또는 그것들이 세워질 장소의 문제를 주의 깊게 검토한다면 색채문제는 상당부분 해결될 것이다. 그를 위한 환경의 색채조화에서는 색채배색의 조합만으로 섬세한 부분까지 미리 설정하는 것은 문제가 있다. 색채의 취급은 형태와 소재, 그리고 장소와의 관계에서 크게 변한다. 한정된 2차원평면에서의 색채구성과는 다르기 때문에 환경의 색채계획에서는 색채 이외에 검토하지 않으면 안될 문제가 많이 있다. 섬세한 배색조화의 지식은 색채를 결정하는 최종단계에서 요구되는 것이며, 환경색채디자인 업무에서 주요한 업무중 한부분인 장소의 색채구조를 정할 때는 지금까지의 배색조화론은 그다지 도움이 되지 않는다.

컬러디자이너가 형태와 소재를 깊이 이해하여 최종적인 색채결정을 맡는 기회도 역시 늘어나고 있지만, 환경색채디자인의 중요한 부분은 이 최종적인 색채결정이 아니고 계획대상이

색채조화의 세 가지 형

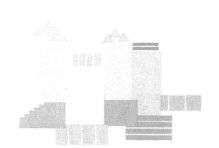

그림 3-5 유사색조화형

그림 3-6 색상조화형

그림 3-7 톤 조화형

환경색채디자인을 위한 컬러 시스템

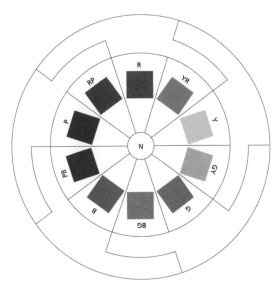

그림 3-8 색상에 의한 그룹 분류

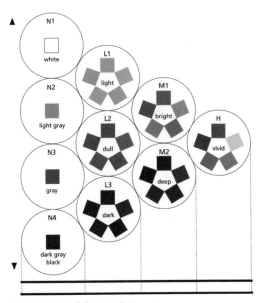

그림 3-9 톤에 의한 그룹 분류

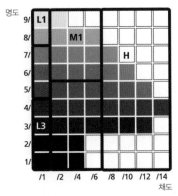

색상이 5R인 경우의 톤 분류

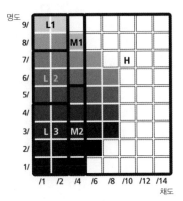

색상이 7.5B인 경우의 톤 분류

포함되어 있는 장소 전체의 색채구조를 검토하여 그 방향에 따라 색채를 조정해 가는 것이다. 이러한 색채구조의 검토와 최종적인 색채결정은 검토하는 내용이 다르다. 전체의 색채구조에 대한 지식이 없는 채로 대상의 최적격인 배색조화의 문제를 취급한다면 아무래도 개인의 취미나 기호로 가는 경향이 많다.

환경색채계획에서 중요한 경관구조와 색채의 관계를 검토하는 단계에 오스트발트나 문 앤 스펜서의 상세한 배색론은 그다지 큰 도움이 되지 않는다. 이러한 색채구조의 검토에 필요한 배색조화를 새롭게 검토하고 만들어 나가지 않으면 안 된다. 우리는 지금까지의 경험에서 환경색채디자인이 크게 세 가지의 색채조화형으로 상정해야 적합하다고 생각한다. 그 세 가지는 유사색조화, 색상조화, 톤조화이다. 섬세한 색채관계를 다루기 전에 먼저 장소의 색채조화형을 검토해 가는 것이 중요하다.

□ **유사색조화형**(그림 3-5)

그레이계열이나 브라운계열과 같은 유사계통의 색채로 이루어진 배색이다. 매우 정리된 통일감이 있는 배색이지만 단조로워질 우려가 있다. 완전히 동일색으로 정리된 예는 그리스의 진흙을 바른 흰 거리 등에서 보인다.

□ **색상조화형**(그림 3-6)

하나의 색상 또는 유사한 색상을 다루어 톤에 변화를 가져오는 배색이다. 나무와 흙을 건축재료로 사용하던 일본의 전통적인 거리에서는 YR옐로우 레드계를 중심으로 한 색상조화형이 많이 존재한다. 무채색에 가까운 기와지붕, 흰 벽과 온화함을 가진 벽, 그리고 건축장식이나 벽 하단의 목재 등에서 몇 가지의 색을 사용하고 있으나 그것들의 대다수는 무채색과 YR계, Y계의 색상에 속해 있다.

□ 톤 조화형(그림 3-7)

하나의 톤 또는 유사한 톤으로 색상을 변화시키는 배색이다.

일본의 전통적인 거리에서는 거의 보이지 않으나 페인트를 사용하는 서구에서는 이 톤 조화형의 거리가 다수 존재한다. 예를 들어, 미국의 샌프란시스코에서는 목조가옥을 밝은 파스텔 톤의 페인트로 착색한 거리를 볼 수가 있다.

□ 환경색채를 위한 컬러 시스템

환경에 있어 색채구조의 검토에 유용하다고 여겨지는 색채조화형 세 가지를 다루었고, 다음으로는 이 세 가지 색채조화형이 만들어낼 수 있는 컬러 시스템을 제안하고자 한다.

우리가 고안한 이 컬러 시스템은 먼셀 표색계를 기본으로 하고 있다. 먼셀 표색계는 일본의 JIS도 채용하고 있으며, 건축용의 색견본으로 국내에서 넓게 사용되고 있는 일본도장공업계의 색견본집에도 먼셀치가 기록되어 있다. 먼셀 표색계는 색상, 명도, 채도와 같은 3속성에 따라 모든 색채의 수치화가 가능하지만, 우리는 환경에서 유사색조화나 색상조화, 톤 조화를 얻기 쉽도록 먼셀의 명도·채도를 톤이라는 개념으로 바꾸었다. 톤에 대한 사고는 이미 일본색채연구소PCCS에서 실현되었지만, 우리는 환경색채의 검토에 어울리는 톤의 수를 다시 한번 검토했다.

□ 10가지 색상(그림 3-8)

먼셀 표색계에서는 40색상이 준비되어 있다. 환경을 위한 컬러 시스템은 먼셀의 기본 5색상과 그 중간색상을 더한 10색상으로 이루어져 있다. 이 색상은 예를 들어, 주택가의 외벽을 유사색상조화로 구성하고 싶을 때는 어느 정도의 색상폭이 허용되는가를 경험으로 끌어낼 수 있는 색상수로 한다.

□ 10가지 톤(그림 3-9)

이 컬러 시스템에서는 톤도 10가지로 분할하고 있다. 먼셀의 채도단계를 뉴트럴, 저채도, 중채도, 고채도의 4가지로 분할해, 각각 N Natural, L Low chroma, M Medium chroma, H High chroma의 기호를 부여했다. 또한 먼셀 표색계에서는 색상에 의해 채도단계가 다르기 때문에 색상마다 10가지의 톤 분할범위를 명확히 해 먼셀 표색계의 톤으로의 전환을 용이하게 하고 있다.

카와사키 연안부의 색채계획

일본의 경제성장을 지탱해 왔던 공장군群은 지금까지 기능성과 경제성을 최우선으로 여겨왔기에 어디서나 차갑고 살벌한 환경이 되어 있다. 그러나 최근 윤택하고 쾌적한 공장환경을 만들기 위해 색채계획을 도입하는 기업도 늘고 있다.

인근 해안을 매립해 그 매립지 대부분에 공장이 입지해 있는 카나가와현의 카와사키시도 최근 쾌적한 연안부의 경관형성을 위해 이러한 공장군에 대한 색채계획을 진행하고 있다.

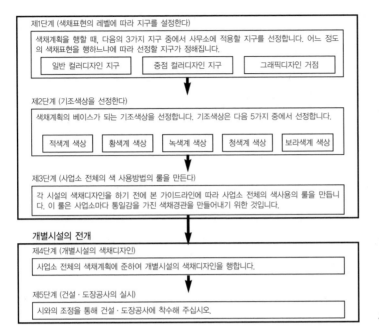

제1단계 (색채표현의 레벨에 따라 지구를 설정한다)

색채계획을 행할 때, 다음의 3가지 지구 중에서 사무소에 적용할 지구를 선정합니다. 어느 정도의 색채표현을 행하느냐에 따라 선정할 지구가 정해집니다.

| 일반 컬러디자인 지구 | 중점 컬러디자인 지구 | 그래픽디자인 거점 |

제2단계 (기조색상을 선정한다)

색채계획의 베이스가 되는 기조색상을 선정합니다. 기조색상은 다음 5가지 중에서 선정합니다.

| 적색계 색상 | 황색계 색상 | 녹색계 색상 | 청색계 색상 | 보라색계 색상 |

제3단계 (사업소 전체의 색 사용방법의 룰을 만든다)

각 시설의 색채디자인을 하기 전에 본 가이드라인에 따라 사업소 전체의 색사용의 룰을 만듭니다. 이 룰은 사업소마다 통일감을 가진 색채경관을 만들어내기 위한 것입니다.

개별시설의 전개

제4단계 (개별시설의 색채디자인)

사업소 전체의 색채계획에 준하여 개별시설의 색채디자인을 행합니다.

제5단계 (건설 · 도장공사의 실시)

시와의 조정을 통해 건설 · 도장공사에 착수해 주십시오.

그림 3-10 색채계획의 흐름

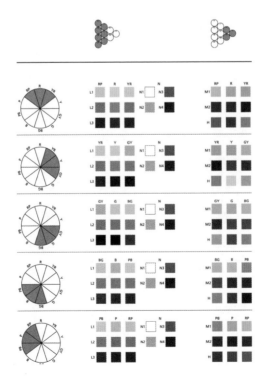

그림 3-11
일반 컬러디자인 지구의 색채범위

  카와사키시가 작성한 해안부의 색채 가이드라인은 우리가
제안한 10색상, 10톤의 환경을 위한 컬러 시스템을 조합하여 만
들어졌다. 이 색채 가이드라인은 기업의 자립적인 컬러디자인
에 도움이 되도록 기조색상의 선택과 중요도에 맞추어 지구를
나누는 등, 개별 사업자의 자주성을 존중하고 있다.

  또한 자유로운 컬러디자인이 가능하도록 색채선택을 폭넓게
설정하고 있다. 그리고 선택된 색채는 자연스럽게 색상과 톤의
조화를 얻을 수 있도록 조정하고 있다.

  카와사키의 연안부의 색채계획은 그림 3-10에 나타낸 것과
같은 흐름에 따라 진행되었다.

  색채계획은 우선 일반 컬러디자인 지구, 중점 컬러디자인 지
구, 그래픽 디자인 거점인 세 지구에서 향후 경관형성에 어울리
는 지구를 선택한다.

  일반 컬러디자인 지구는 차분하면서도 조화로운 색채환경형
성을 목표로 하고 있다. 그를 위해 색채는 주변환경에 친숙한
건축의 일반적인 색채인 저채도색 사용을 기본으로, 색상조화
형의 색채경관을 얻을 수 있도록 조정하고 있다.^{그림 3-11}

  중점 컬러디자인 지구는 적극적인 컬러디자인 위에 활력 있
는 색채경관형성을 목표로 하고 있다. 여기서 사용가능한 색채
범위는 다이내믹하고 경쾌한 색채경관을 만들기 위해 다채로
운 색채를 사용할 수 있도록 그 폭을 넓혔다.

  그래픽 디자인 거점은 지역의 랜드마크가 되도록 메시지성을
높인 개성 있는 색채경관형성을 목표로 하고 있다. 이를 위해
여기서 사용되는 색채범위는 자유롭게 설정하고, 질 높은 디자
인을 유도한다.

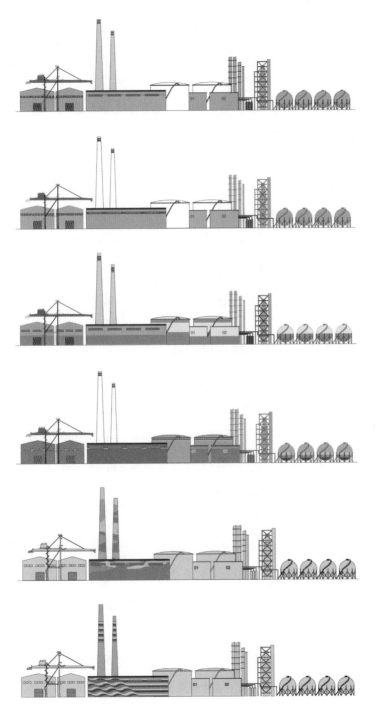

그림 3–12
카와사키 연안부 공장의 색채디자
인의 참고 예

이러한 세 지구는 규모에 따라서 하나의 지구 안에 조합하여 사용하는 것도 가능하다. 예를 들어, 전체적으로는 일반 컬러 디자인 지구로 설정하고, 주요한 간선도로에 접한 시설군은 중점 컬러디자인 지구로 설정하여 지구경관에 변화를 부여할 수 있다.

이 세 지구분류를 행한 후, 색채계획에서는 각 사업소의 기조가 되는 색상을 고른다.

먼셀의 R, Y, G, B, P의 5색상 중에서 각 지구에 어울리는 색상 하나를 선택한다. 이 기조가 된 색상은 유사색상조화를 얻을 수 있도록 색상폭이 확장되어 있으며, 예를 들어, R의 색상을 선택하면 그 양 끝의 RP와 YR도 같이 사용되도록 하고 있다.

□ 창조성을 높이는 색채 가이드라인

각각의 색상은 10톤으로 분할되어 있으며 사업소의 공장건물의 외벽 등 큰 면적에 사용하는 베이스컬러와 작은 면적부분에 사용하는 액센트 컬러의 색채범위도 이 10톤에 따라 규정되어 있다. 기본적으로는 베이스컬러는 저채도의 톤, 그리고 액센트 컬러는 고채도의 톤으로 나누어 사용한다.

이 10가지 톤 구분은 일반 컬러디자인 지구, 중점 컬러디자인 지구, 그래픽 디자인 거점인 세 지구에 따라 각각 다르지만, 기본적으로는 일반 컬러디자인 지구로부터 그래픽 디자인 거점을 향해 사용될 수 있도록 톤의 범위를 넓혀, 고채도의 톤 사용이 가능한 시스템으로 되어 있다.

각 지구는 기조색 범위로 컬러디자인을 행하는 유사색상 조화형의 색채경관형성을 기본으로 하고 있지만, 효과적인 시설에서는 톤 조화형의 색채사용도 가능하다. 예를 들어, 많은 탱크가 모여 있는 곳을 파스텔 톤의 L1톤으로 정리하는 것도 가능하다.

이렇듯 이 색채디자인 컬러가이드 대부분은 사용법에 따라 컬러디자인의 확장이 무한히 가능하다. 그것은 규제를 통해 획일적 통일감을 만드는 것이 아닌, 더 자유롭게 개성을 발휘하도록 창조성 높은 색채경관형성을 지향한 결과이다.

그림 3-12에 색채 가이드라인에 따른 몇 가지의 색채디자인의 예를 소개한다.

□ 변화하는 연안부의 색채경관

카와사키시의 연안부에서는 이미 이 색채 가이드라인에 따라 몇 곳의 시설에 색채계획을 진행하고 있다.

치도리쵸千鳥町의 아사노 시멘트의 저장탱크그림 3-15는 바다로 향하는 주요 간선도로에 접하고 있기 때문에 그래픽 디자인 거점으로 지정되어 카와사키시가 실시한 디자인 공모에 따라 일반 시가지에서도 잘 보이도록 다이내믹하게 색채를 처리했다.

차갑고 무기질의 색채가 많은 주변환경과 대비적으로 강한 메시지성을 가진 선명한 색채가 인상적이다. 2기의 저장탱크를 연결하는 '하늘' 이라고 부르는 이 작품은 이미 지구의 랜드마크적인 존재가 되어 있다.

인근 구 항만처리센터그림 3-13는 교차점에 인접해 있으며, 해저 터널 입구그림 3-14에 위치하고 있다는 이유에서 그래픽 디자인 거점으로 지정되었다. 여기서는 '하늘' 과 같은 구상적인 회화성을 억제하고, 건축형태와의 종합성을 더욱 배려한 컬러디

그림 3-13
바다를 이미지화한 차가운 계열의
색채를 사용한 구 항만처리센터의
외벽

그림 3-14
재도장된 터널의 입구벽면

그림 3-15
시민디자인 공모에 의해 선택된
'하늘'

그림 3-16
변화 있는 그래픽 패턴을 전개한
토시바의 반다이 담장

자인이 되었다. 주요 간선도로에 접한 뒷면에는 산뜻한 스트라이프 패턴이 그려졌으며, 바다를 연상시키는 블루와 아쿠아그린 색채는 투명한 느낌으로 중첩되어 있는 듯이 보인다.

일반 시가지에서는 이러한 컬러디자인이 주변 건축물과의 색채대비가 강하므로 적절한 관계를 배려하지 않으면 소란스런 존재의 색이 되고 만다. 그러나 경제적인 건축자재로 만들어진 공장시설군이 만드는 차갑고 무기질적인 환경 속에서의 색채표현은 도심부와는 다른 가능성을 가지고 있다. 수많은 그래픽 디자인 거점이 지정되어 그것들이 난잡하게 부딪치는 것은 피해야 하지만, 색채의 적절한 사용은 무기질적인 환경에 활기를 가져올 수도 있다.

구 항만처리센터 부근에 있는 토시바의 담장그림 3-16도 새롭게 칠해졌다. 어둡고 지저분해진 콘크리트 담장은 중채도톤과 비스듬하게 분할된 패턴으로 재도장되었고, 이 지역경관은 한순간에 바뀌었다. 톤 조화형의 다색상이 사용되어 약동감 있고 즐거움이 넘치는 분위기를 만들고 있다.

또한 이러한 부분적인 컬러디자인만이 아닌, 이 지역에 대규모 공장시설을 가진 아사히 화학은 색채 가이드라인에 따라 공장전체의 색채계획을 세워 재도장을 시작하고 있다.

넓은 부지를 가진 공장이 있으므로 공장기능에 따라 세 곳으로 구역을 나누어, Y황색, B청색, G녹색 3색상을 각 구역의 기조색상으로 설정했다그림 3-18~20. 구역 구분에 따라 다소 지루했던 공장경관에 변화와 활기가 생겨났다. 이후 재도장이 필요한 시설에서는 각각의 구역 컬러에 따라 도장이 실시된다. 이러한 계획적인 재도장의 축적으로 알기 쉽고 쾌적한 공장경관이 서서히 형성될 것이다.

　카와사키의 연안부는 지금까지 경제성과 기능성만을 중시한 회색의 이미지나 장소에 따라 대충 변경된 색채로 인해 잃어버렸던 통일감이 계획적이고 질서 있는 색채환경으로 다시 태어나고 있다.

　그러나 연안부의 색채계획은 이제 막 시작된 시행착오의 단계이며, 지금까지 재도장된 모든 시설이 만족할만한 컬러디자인이라고 말할 수 없다. 그러나 전체적으로 연안부의 색채계획은 좋은 방향으로 변화하고 있다는 것을 실감하게 되었다. 이러한 변화로 촉발되어, 연안부 전체경관의 향상을 지향하는 보다 질 높은 공장건축의 축적과 녹음이 풍요로운 윤택한 환경으로 키워 나갈 수 있기를 바란다.

색채계획의 실시 예

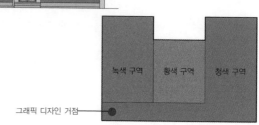

녹색 구역 　황색 구역 　청색 구역

그래픽 디자인 거점

그림 3-18 부지 전체의 색채계획
알기 쉽고 상쾌한 공장경관의 형성
을 컨셉트로 기조색상에 황색, 녹색,
청색으로 나누어 구역을 구분했다.
또한 운하에 접한 외부에서도 잘 보
일 수 있도록 하나의 탱크를 그래픽
거점으로 정했다.

그림 3-19 녹색 구역의 개별시설의
디자인 사례
기둥, 가교, 벽면을 구분하고, 외부계
단을 액센트 컬러로 도장하였으며
시설명은 로고마크로 디자인했다.

그림 3-20
위, 왼편은 구형 탱크. 열반사를 고
려해 반에서 위를 백색으로 하고,
밑을 3색의 그라데이션으로 새롭게
칠했다.

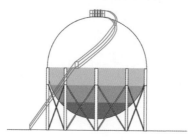

84

제 4 장
색채의 군화와 분절

제4장 색채의 군화와 분절

동일색 또는 유사색은 색채관계를 정리할 수 있는 힘을 가지고 있다. 또한 같은 형태 또는 유사한 형태도 마찬가지이다. 게다가 거리가 가까운 것들끼리도 정리감이 있다. 이 게슈탈트 심리학자들이 주창한 유동성類動性요인과 근접요인을 환경에 적합하도록 정리하여 경관의 통일감과 적절한 변화를 만들어 낼 수 있을 것이다.

4장에서는 색채의 군화群化와 분절分節의 문제를 중심으로 생각해 보자.

게슈탈트 심리학자
정신을 요소의 집합이라 하고 종래의 요소적인 개념을 부정하여 그것을 게슈탈트로 보는 심리학. 울터하이머, 켈러, 코프카, 레빈 등의 베를린 학파에 의해 제창되었다. 형태심리학.

색의 정리, 형태의 정리, 거리의 정리

□ 유동성의 요인

그림 4-1에는 정방형 2개와 원형 2개가 그려져 있다. 이들은 적색과 청색으로 착색되어 있다. 우리는 이러한 도형을 어떻게 볼 것인가. 아니면 적색과 황색의 관계처럼 색의 군화를 선택할 것인가. 나에게는 어느쪽도 결정적이지 않아 보인다. 어떤 때는 색의 군화가 우세하며, 다음 순간에는 형태의 군화가 우세하거나 하는 것들이 반복된다. 색과 형의 성질이 가까운 것끼리 정

리되려고 하는 경향을 게슈탈트 심리학자들은 '유동성의 요
인'이라 이름 지었다.

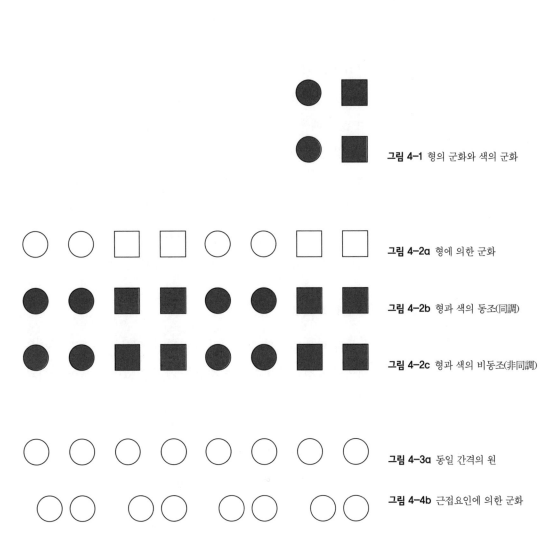

그림 4-1 형의 군화와 색의 군화

그림 4-2a 형에 의한 군화

그림 4-2b 형과 색의 동조(同調)

그림 4-2c 형과 색의 비동조(非同調)

그림 4-3a 동일 간격의 원

그림 4-4b 근접요인에 의한 군화

이러한 색의 군화와 형의 군화를 더욱 전개시켜 보자. 그림 4-2a에서는 원형과 정방형이 나열되어 있다. 이 도형들은 착색되어 있지 않아 형태에 의한 군화가 일어난다. 두 개씩 원형과 정방형이 상호 교차하여 연속적으로 보인다. 이 이미지는 안정되어 있다. 이 형의 군화가 우세한 그림을 착색해 보자. 그림 4-2b에서는 형의 군화에 동조되어 적색과 청색을 착색했다. 이렇게 착색해 보면 군화는 더욱 강화되어, 두 개씩 붉은 원형과 푸른 정방형이 더욱 안정되어 보인다. 그러나 그림 4-2c와 같이 형의 군화에 맞버티도록 적색과 청색을 하나씩 어긋나게 칠해 보면 이미지는 복잡하게 된다. 형의 정리와 색의 정리가 동조하고 있지 않기 때문에 색과 형의 군화가 교차되어 보인다.

이렇듯 동일한 형태가 연속되는 주택가의 색채에 변화를 주거나, 다양한 형태가 연속되는 주택가에 색채의 통일감을 전하는 것도 가능하다. 주택이 형과 색의 복잡한 상호작용에 의해 연속적으로 전개되면 경관은 변화한다. 어떤 형과 색의 조합이 적당한 통일감과 변화의 관계를 만들어 내는 것일까.

□ 근접의 요인

색과 형은 유사한 성질끼리 정리될 수 있도록 거리가 가까운 것끼리도 정리되려고 하는 경향을 가지고 있다. 이러한 군화의 법칙을 '근접의 요인' 이라고 부른다.

그림 4-3a에서는 같은 간격의 점이 늘어서 있다. 이러한 상황에서 군화는 일어나지 않지만, 그림 4-3b와 같이 점의 간격을 조작하면 점은 두 개씩 분절되어 버린다. 동질의 것에서도 거리에 따라 군화가 일어난다. 색과 형이 관계하는 유동성의 요인에

이 근접의 요인까지 더하면, 그것들이 조합된 이미지는 매우 복잡하게 된다. 다시 주택이 늘어선 경관을 생각하면, 색과 형의 조합에 따라 만들어진 통일감과 변화에 이웃한 동의 간격을 조절함에 따라 주택가의 경관은 더욱 풍부하게 될 것이다.

유동성요인과 근접요인의 부딪침

색과 형이 유사한 것끼리는 정리감이 있다. 또한 가까운 거리에 놓인 것끼리도 정리감이 있다. 나는 학생시절 이러한 유동성요인과 근접요인의 관계가 어떻게 지각되는지에 흥미를 가지고 있었다. 유동성요인과 근접요인의 부딪침으로 인해 보이는 것은 어떻게 변화하는 것일까.

그림 4-4a는 같은 모양의 직사각형이 늘어서 있으며, 4-4b는 두 개씩 상호로 색채가 적용되어 있다. 이러한 상태에서는 거리가 일정하게 되어 근접요인은 작용하지 않는다. 색채에 의한 유동성요인만이 작용해, 같은 색끼리 정돈되어 보인다.

그림 4-4c, 그림4-4d와 밑단으로 이동함에 따라 이 색채의 군화가 무너져 같은 색의 직사각형이 서서히 분리되도록 조작되고 있다. 이러한 조작을 행하고 있으면, 그림 4-4b에서는 색채의 유동성요인으로 인해 군화되어 있던 것이 몇 단계에서는 가까운 거리의 것끼리 정돈되어 보이는 근접요인에 의한 군화로 바뀌어 버리고 만다.

그림 4-4f에서는 근접요인에 의한 군화가 확실하게 되어 있다. 유동성요인으로부터 근접요인에 의한 군화로 교환되는 위치는 색채의 조합에 따라 다르다. 적색과 녹색과 같이 보색관계

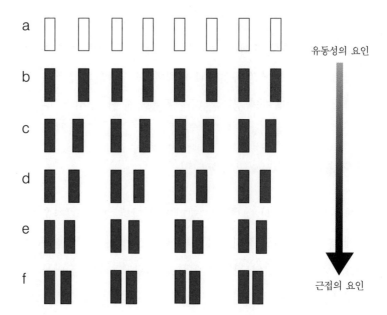

그림 4-4
유동성과 근접요인의 충돌

유동성의 요인

근접의 요인

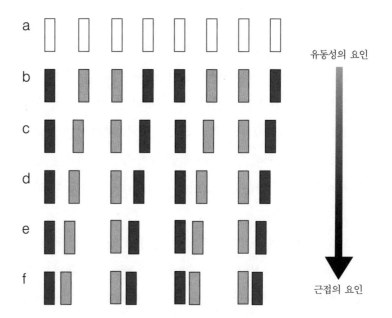

그림 4-5
유사색에 의한 군화와 약해짐

유동성의 요인

근접의 요인

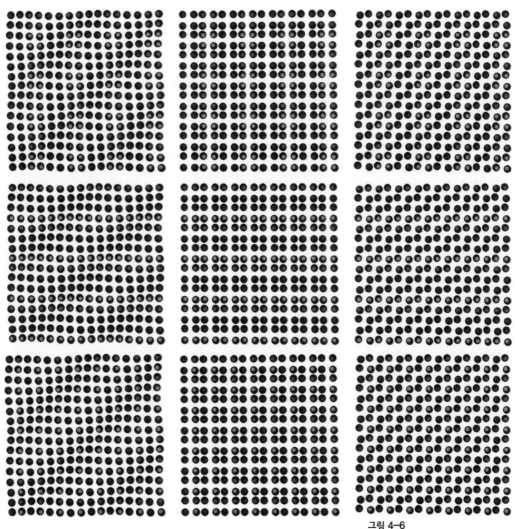

그림 4-6
유동성과 근접요인의 패턴

로 가까운 대비가 강한 조합일 때에는 색채의 유동성요인에 의한 군화가 강하지만, 그림 4-5와 같이 적색과 황색과 같은 유사한 색의 조합이 되면 그 힘이 약하게 된다. 기본적으로는 두 가지 색의 색차가 클수록 색채의 유동성요인에 의한 군화의 힘이 강하다. 이러한 조작으로 두 가지 색이 보이는 대비를 물리적인 거리로 바꾸어 나가는 것도 가능하다.

유동성요인과 근접요인의 부딪침에 의한 그래픽 패턴의 생성

그림 4-6은 유동성요인과 근접요인의 조작을 통한 이미지 변화를 검증하기 위해 제작한 그래픽 패턴이다. 여기서는 이중 원형으로 된 유닛을 설정하고 있다. 이 유닛은 씬 메트리의 개념인 평형이동, 회전, 반영에 의한 조작을 기본으로 하는 정방형 격자상에 전개되어 있다. 유닛 내측의 작은 원은 항상 정방형의 점 격자를 중심으로 같은 위치에 놓여 있다. 이 원형을 등거리에 배치하고, 옆에 있는 원형과의 관계에 따라 근접요인이 작용할 수 있도록 설정하고 있다. 이 작은 원형은 각각 색채가 부여되어 있으며, 이 색채는 3원색과 그 2차색으로 된 6색이 있고, 색입체 색환상의 등간격에 있는 색상이 선택되어 있다. 각 그래픽 패턴은 이 6색 속의 4색의 조합으로 물리적인 등거리에 배치된 원형에서 유동성의 요인에 의한 군화가 발생되고 있다.

유닛 외측에 있는 또 하나의 원형은 중심으로부터 다소 몰려 있으며, 회전과 반영의 조작으로 옆에 있는 유닛과의 거리가 변해, 근접요인이 작용하도록 설정되어 있다. 이 원형에는 유동성요인이 움직일 수 없도록 색채가 검은색 한 색으로 되어 있다.

내측의 원형이 만들어내는 유동성요인에 의한 군화와 외측 원형이 만들어내는 근접요인에 따른 군화는 조합의 조건에 따라 동조하거나 강조되며 또한 어떤 조합에서는 부딪쳐 반발하며 만나기도 한다. 이러한 각각의 군화와 동조, 충돌로 인해 이미지가 복잡하게 된다. 이 복잡한 이미지요인이 검증하는 것과 같이, 그래픽 패턴의 생성은 시스템에 따라 행해지고 있다. 유닛의 배치는 평행이동과 회전, 반영이라는 세 종류의 조합에 의해서이다.

또한 색채는 4색 조합을 세 가지 선택했다. 그리고 색채를 배치하는 방법도 세 가지 종류로 했다. 세 가지 형의 전개, 세 가지 색채의 조합, 그리고 세 가지 색채의 배치방법, 이러한 방법으로 합계 27가지의 그래픽 패턴이 생성되었다. 이러한 그래픽 패턴의 이미지 차이는 어떤 요인과 관계가 깊은지에 대한 검증을 가능하게 한다.

이러한 2차원 평면에서의 실험이 음영을 동반하는 입체가 되거나 때로는 그것과 만나는 시간적 요소까지 더해지게 되면, 그곳에 표현될 내용은 매우 풍부하고 복잡한 것이 될 것이다. 이러한 풍부한 시각언어는 아직 충분히 설명되어 있지 않다.

경관의 연속성과 변화

우리는 지금까지 여러 곳의 주택가 색채계획에 관여해 왔다. 이러한 색채계획 속에서는 주택을 단일한 개체로서만이 아닌 그것들이 연속되어 만들어내는 거리의 구성요소로 다루어 왔다. 주택가의 경관은 주택형태와 재질, 색채, 그리고 주택부지

안의 배치 등의 조합으로 구성되어 있다.

　물론 주택 이외에도 가로수나 포장재, 스트리트 퍼니처의 존재도 잊어서는 안 된다. 그러한 주택 이외의 것과의 관계도 배려하면서 주택외장의 색채를 조정하여, 통일감과 적절한 변화가 있는 거리를 만드는 것에 심혈을 기울여 왔다.

　그림 4-7은 주택의 색채가 만들어내는 군화를 검증하기 위해 작성한 것으로 집의 간략화된 도형이 나열되어 있다. 최초의 예는 동일색으로 착색되어 있어 유동성의 요인에 의한 군화가 발생되고 있지 않지만, 2단과 3단으로 내려감에 따라 색채의 유동성요인과의 관계에서 이미지가 복잡하게 된다. 이러한 스터디를 병행하여 주택의 형태와 소재에 의한 변화, 배치계획 등을 읽어 나가며 외장색을 검토해 간다.

　주택의 색채계획은 보통 건축의 형태와 소재가 정해진 뒤에 시작되는 경우가 많다. 결국 옆동 간격에 관계하는 근접요인에 따라 일어나는 군화나 형태, 소재와 관계하는 유동성요인에 의한 군화는 이미 고정되어 있다.

　이러한 상태에서 조작가능한 요소는 적어지게 되어 색채계획의 업무로서는 효율적이지만, 보다 풍부한 경관을 창조해 나가기 위해서는 색채계획을 좀더 초기에 진행해야만 한다. 주택배치나 형태, 소재와 동등하게 색채검토를 진행하고, 종합적으로 그것들의 상호관계간 조정을 통해 주택가 경관형성의 가능성은 증대한다. 이미 색채계획을 일찌감치 시행하는 시도가 시작되고 있으며 주택의 기획단계에서부터 건축계획과 병행하여 색채를 기획하고 있는 예도 늘어나고 있다.

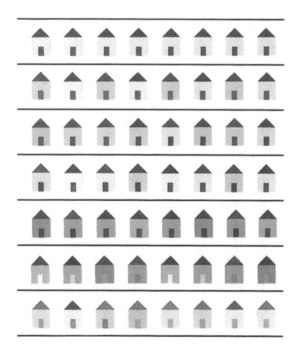

그림 4-7
주택색채가 만드는 군화

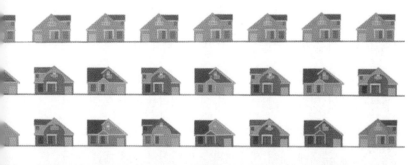

그림 4-8
아이비 스퀘어의 컬러 시스템

그림 4-9
아이비 스퀘어의 전경

주택가의 색채계획 – 토큐 이즈미 빌리지

토큐 이즈미 빌리지東急泉ビレジ는 센다이仙台 도심에서 북서로 차로 약 20분 정도에 위치하고 있다. 1981년에 분양을 개시해, 이미 6,008명 가까운 사람들이 현재 이 거리에 살고 있다. 우리가 이 이즈미 빌리지의 주택외장 색채계획에 관여한 것은 벌써 10여 년 전으로, 당시는 띄엄띄엄 있던 주택가도 지금은 초 · 중학교와 쇼핑센터 등 공공 · 공익시설이 정비되어 편리한 거리로 성장되어 왔다.

이 거리는 개발 당시부터 '여유와 풍부함'을 테마로 풍요로운 자연과 조화된 도시로 만들어 왔다. 녹화협정과 건축협정 등을 포함한 매스터 플랜에 따라, 계획적으로 풍부한 주택가의 환경이 정비되어 왔다. 색채계획을 도입하기 전에는 일본풍의 주택이 중심이었으며, 녹색의 자연과 조화된 무난한 색채를 전반적으로 사용하고 있었지만, 주택수가 증가함에 따라 모든 거리가 비슷해 보이는 변화 없는 경관이 되어 가고 있었다.

우선 경관의 변화를 만들어내기 위해 거리를 남북으로 종단하는 간선도로의 주택과 거리의 윤택함을 만들어내는 쇼핑 구역에 근접한 주택에 대해 색채계획을 진행했다. 이곳에는 무난한 색채로 정돈되어 있던 지금까지의 일본풍 주택과는 약간 대비적인 색상변화를 가진 톤 조화형 컬러 시스템을 채용했다. 간선도로에 접한 주택은 이즈미 빌리지의 새로운 얼굴에 적합하도록 개성적이면서도 차분하게 표현하기 위해 명도 · 채도를 억제한 색조를 사용하였고, 쇼핑센터 부근의 주택외장색은 명도 · 채도가 다소 높은 색조를 적용했다.

그림 4-10 가든 힐즈 겨울 정경

그림 4-11 초여름의 가든 힐즈

그림 4-12 가든 힐즈

이 색채계획은 그 후 이즈미 빌리지의 거리경관의 방향성을 결정하는 영향력을 가지게 되었다.

개성 있는 주택경관을 찾아서

이즈미 빌리지의 색채계획에서는 주택만이 아닌, 쇼핑센터의 재도장계획과 모임시설 또는 쇼핑 구역의 점포외장 등 다양한 시설을 다루었다. 이러한 시설을 포함한 건축물의 색채에 대한 종합적인 조정을 통해 더욱 알기 쉽고, 변화로운 거리경관이 만들어졌다.

간선도로에 접한 도로변의 주택색채는 이즈미 빌리지의 경관을 크게 변화시켰으며, 그 후로도 각 지구를 개성화하기 위한 건축디자인이 의욕적으로 진행되어 다양한 시리즈가 생겨났다. 색채계획은 각 시리즈의 디자인 컨셉트를 보다 명확히 구체화하기 위한 주요요소가 되어 있었다.

이즈미 빌리지에서는 지금까지의 주택색채계획보다도 일찌감치 계획에 참가했다. 그를 통해 형태와 소재와의 관계를 보다 상세하게 좁혀서 검토할 수 있어, 구역마다 경관의 통일성과 적절한 변화를 만들어낼 수 있었다. 또한 지속적인 색채계획을 통해 이미 완성되었던 다른 구역과의 색채관계에 대해서도 충분한 조정이 계획되었다. 색채계획의 발빠른 참가와 지속적인 기획은 한 부분에 부담이 많이 가게 되지만, 더 좋은 도시를 만들어내기 위해서는 필요할 것이다.

여기서 지금까지 관계해 왔던 몇 곳의 주택색채계획 시리즈를 소개하고자 한다.

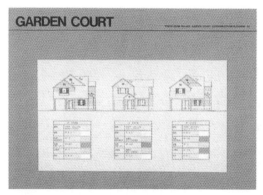

그림 4-13 가든 코트의 색채계획과 배색지정도

그림 4-14 밝은 색조의 컬러 코트의 거리

□ **가든 힐즈**(그림 4-10~12)

이즈미가오카泉が丘를 바라보는 조용한 경사지에 계획된 고급 주택지구이다. 녹색 풍부한 지구 속에 부지 780평방미터 정도의 집이 늘어서 있다. 가든 힐즈의 외장소재는 석재와 벽돌, 목재가 사용되었으며, 색채도 이러한 재질감을 살릴 수 있도록 배려했다. 여기서는 색상을 정돈하거나 톤을 정돈하는 등 명확한 컬러 시스템을 사전에 준비하는 것이 아닌, 자연소재가 가지고 있는 색조와 색문양을 살리고, 목재의 도장부분도 오일스테인을 사용하여 나무의 질감을 살리고 있다.

□ **아이비 스퀘어**

아이비 스퀘어는 다소 젊은 세대를 대상으로 한 주택이 들어서 있는 지구이다. 큰 경사 지붕이 특징적이며, 2×4 공법을 채용하여 경제성을 추구한 집의 외견은 비슷한 형태와 소재가 이어져 있다. 특히 아이비 스퀘어에서는 경관의 변화를 만들어내기 위한 색채계획이 중시되어, 다른 지구보다도 채도가 깊은 색조의 톤 조화형의 컬러 시스템을 준비했다. 그림 4-8, 9[95쪽]는 유사형태를 가진 주택이 연속했을 때의 색채방향을 검토한 것이다. 이러한 검토에 따라 색채에 의한 적절한 군화와 분절을 만들어 내기 위해 4종류의 배색패턴이 설정되었다.

□ **가든 코트**(그림 4-14)

이 지구는 생활에 편리한 쇼핑 구역에 입지하고 있어, 점포나 오피스, 취미생활을 위한 살롱 등에 사용되는 다목적 룸으로 계획되었다. 이 가든 코트의 컬러 시스템은 쇼핑 구역의 활기를

그림 4-15 아메리카 빌리지

그림 4-16 아메리카 빌리지

연출할 수 있도록 밝고 청결한 색조를 선택했다.

이 색조는 가든 코트에 인접한 이전에 계획된 지구와의 관계도 배려한 것이다. 각각의 지구만이 아닌 지구간 색조관계의 조정을 통해, 상호간에 영향을 주고 받아 거리 전체가 살아 있는 표정을 가지게 된다.

□ **트래드 스퀘어**(그림 4-18, 19)

간선도로에 접한 도로변에 계획된 개방형 외부구조의 지구이다. 아이비 스퀘어를 업그레이드하여 다목적으로 사용할 수 있고 내부 주차장을 추가한 개방적인 점이 특징이다.

트래드 스퀘어는 간선도로가 부드럽게 휘어져 있어 운전자에게 딱 좋은 시각적 위치에 지어져 있다. 도로의 건너편에는 중학교가 있어, 이즈미 빌리지의 경관이 바뀌는 위치이기도 하다. 이 때문에 이 지구의 색채는 난색계의 약간 채도가 높은 색조를 사용하고, 색차를 크게 설정하여 형태의 단순함이 없어지도록 배려했다.

□ **아메리카 빌리지**(그림 4-15, 16)

이즈미 빌리지에서 전개된 북미 스타일의 주택을 집대성하기 위해 계획된 지구이다. 미국에서 재료를 대량수입하여 가격을 낮추고, 북미 스타일을 세밀하게 접목시켰다. 아메리카 빌리지의 색채계획은 지금까지의 계획을 숙지하고 있던 건축가가 담당하고 있다. 컬러디자이너 한 사람에 의한 색채계획은 거리 전체의 통일감을 만들기 위해서는 효과적이지만, 변화를 만들기 위해서는 거리전체의 색채계획 컨셉트를 지켜나가며 컬러디자이너가 적당히 바뀌는 것도 좋은 방법일지 모른다. 이러한 방법에 의해 거리색채구조에 중후한 맛이 늘어나게 된다.

□ 가든 스퀘어(그림 4-17)

가든 빌리지에 인접한 구역으로 주택은 풍요로운 수목이 우거진 부지에 여유롭게 지어졌다. 가든 스퀘어는 기와지붕이 특징적이며 외장색도 이 기와색을 살릴 수 있도록 전체를 난색계통의 온화한 색채로 정리했다. 가든 힐즈와 가든 스퀘어는 각 주택의 부지가 넓어 옆 동 간격도 충분히 확보되어 있다. 따라서 부지 안에 있는 녹음이 인상적일 수 있도록 배려하고, 색채는 지나치게 통제하지 않도록 신경을 썼다.

이즈미 빌리지는 여기서 소개한 시리즈만이 아닌 또 다른 주택 시리즈도 준비되어 있다. 지나치게 많은 주택 타입이 혼재하면 정리감 없는 난잡한 경관이 될 우려도 있지만, 전체를 세밀하게 조정하여 지금까지도 거리에 적합한 변화로 작용하고 있다.

이러한 많은 형태를 거리 전체경관으로 정돈하기 위해 색채가 맡고 있는 역할은 크다. 새로운 시리즈를 디자인할 때마다 컬러디자이너를 변경하면, 상품성이 높은 임펙트한 주택이 만들어질 수도 있지만 거리전체의 경관은 난잡하게 될 가능성이 높다. 주택가의 거리색채는 새로운 표현가능성의 추구와 함께 항상 도시전체의 경관에 신경을 써, 높은 질을 가지고 축적해 나갈 색채선택에 주의를 기울여야 할 것이다.

그림 4-17
이즈미 빌리지, 가든 스퀘어의 거리풍경

주택가 색채계획 이후의 과제

센다이의 토큐 빌리지는 지속적인 색채계획을 통해, 지금까지의 일반적인 일본 주택가보다 수준 높은 색채경관을 만들어 내었다고 생각된다. 토쿄東京보다도 토지가 저렴하고 풍부한 녹색을 반영한 것도 양호한 경관형성의 큰 요인이다.

그러나 이즈미 빌리지의 경관도 아직 개선해야만 할 많은 과제가 남아 있다. 특히, 일본의 주택경관의 공통과제인 전주와 전선의 대다수가 아직도 매설되어 있지 않아 보기 싫은 모습을 드러내 놓고 있다. 또한 재도장이 늘어나고 있지만 색채변경에 대한 대책은 아직 정리되어 있지 않아, 거리의 통일감을 파괴하는 색채가 사용될 가능성도 있다. 재도장을 통해 더욱 깊고 중후한 맛을 풍기는 경관으로 키워나갈 방안이 고려되지 않으면 안 된다. 거리경관을 키워 나갈 룰도 주민들 사이에서 시급히 논의되어야 할 것이다.

이즈미 빌리지에서는 색채계획을 지속적으로 행해 왔다. 완성된 주택가의 외관을 검토하여, 그 결과를 다음 색채계획에 반영하는 것을 반복했다. 이러한 계속적인 작업을 통해 건축의 형태와 소재, 근접한 동간의 간격, 그리고 색채에 의해 일어나는 각각의 군화와 분절의 힘은 어떻게 작용하는가를 경험적으로 알게 되었다.

이러한 경험을 현재는 많은 컬러디자이너가 기법으로 공유하고 있지는 않지만, 이후 검토를 더해 주택가 색채계획의 기법으로 확립해 나가고자 한다.

그림 4-18 트래드 스퀘어

그림 4-19 트래드 스퀘어

제 5 장

지역소재의 색

제5장 지역소재의 색

1995년부터 타일 제조사 INAX와 '지역의 색채와 소재'의 조사·연구를 공동으로 진행했다. 일본의 개성적인 경관을 가지고 있는 도시를 선택해, 그 거리를 구성하고 있는 가옥과 포장도로의 색채, 소재를 조사했다. 먼저 토코나메常滑·이즈시出石·우치코内子 세 도시에 대한 조사를 실시해, 그 결과를 토쿄 롯폰기六本木 아크힐즈 37층의 XSITEHILL1998년 1월 개관에서 전시했다.그림 5-1, 2

도시의 경관소재에 대한 색채조사는 프랑스의 컬러리스트 장 필립 랑크로가 현지에서 시작한 시감측색에 의한 방법을 기본으로 하고 있지만, 우리는 세 도시의 표면색채만이 아닌 소재를 동반한 색의 조사에 중점을 두었다. 색채를 물체에서 분리한 컬러 시스템으로 체계화한 서양적 사고는 도시의 색채에도 반영되어 있다. 색채는 다양한 소재의 통일감을 부여할 수 있다. 프랑스에서는 사용한지 오래된 주택의 인테리어를 페인트배색으로 재생해 나가는 모습을 자주 만날 수 있다. 페인트로 다른 소재를 아름다운 공간으로 바꾸어 나가는 기술을 일본인은 아직 몸에 익히지 못하고 있다. 서양색채학은 일본교육 속에 넓게 퍼져 있지만, 서양의 도시나 인테리어에 사용되는 배색조화의

그림 5-1 INAX XSITEHILL에 '지역의 색채와 소재'의 전시

그림 5-2 토코나메에서 수집한 소재를 재구성한 소재벽

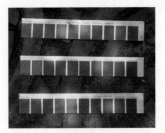

그림 5-3 현지에서의 측색

아름다움이 일본에서는 실현되어 있지 않다.

　일본에서의 색채는 재질과의 관계로 다루고 있으며, 색채를 물체에서 분리하여 체계화한다는 것이 아직도 충분히 이해되지 않는 것일까. 쪽빛은 쪽염색이나 도자기의 색이기도 하며, 잉크의 색견본에서 색채를 분리시켜 재현해 봐도 느낌이 나지 않는다. 일본에서 이 색은 소재와 떨어뜨려서는 생각할 수 없다. 색채를 색채로 물체에서 잘라 체계화한 서양색채학에서 배울 수 있는 점도 많지만 그것만으로는 일본의 개성적인 도시의 아름다움은 재생되지 않는다. 프랑스의 배색도 아름답지만 색과 소재를 일체화하여 다룬 소재색에 집중하는 일본의 전통적인 거리도 아름답다. 소재색의 표정은 풍부하며, 시각만이 아닌 우리들의 오감을 통해 다가온다. '지역의 색채와 소재'의 조사·연구에서는 색채만을 다루는 것이 아닌 색채와 소재가 일체화되어 만들어내는 거리분위기가 표현되도록 신경을 썼다.

소재색의 조사

　토코나메에서 지붕과 벽에 사용되는 흑색, 이즈시의 적토벽, 그리고 황토색의 벽은 각각 풍부한 표정을 가지고 있다. 기와의 겹침으로 만나는 음영, 도자기의 색반, 흙의 온화한 질감 등은 도시에서 맛볼 수 없는 깊은 느낌이 들어 있다. 전시회장에서는 세 도시의 아름다운 경관을 체험할 수 있도록 현장에서 실제로 사용되고 있는, 시간이 새겨진 소재를 모아 재구성하였다. 실제로 사용되고 있는 소재를 손에 넣기 위해, 가옥의 해체 현장으로 몇 번씩 발을 옮겼지만, 소재가 수집되지 않는 것은

그림 5-4
토코나메의 도자기로 만든 산책로

토기 장인에게 의뢰하여 지역에 축적된 기술로 흙벽과 건자재를 제작하여 전시했다. 도시의 경관을 구성하는 소재는 지역 장인의 손으로 만들어져, 지역사람들에게 오랫동안 사용되어 보다 풍부한 표정으로 변해간다. 전시에서는 이러한 소재가 가진 질감과 색이 상호관계를 통해 만들어낸 도시의 분위기가 재생되도록 시도했다.

　이러한 소재의 수집과 동시에 색채조사도 행했다. 색채도 이러한 복잡한 느낌을 만들고 있는 요소의 하나이며, 색채조사 데이터를 소재와의 관계로 다시금 읽어 들여, 지금까지 읽혀지지 않았던 것이 새로운 것으로 떠오르게 했다.

　세밀하게 작성한 많은 색표를 현지로 가지고 가, 대상물에 맞추어 시각측색을 하고 먼셀치로 전환했다.^{그림 5-3}

　토코나메의 환경색채는 전체의 명도가 낮고, 지붕색보다도 더욱 좁은 벽의 색채분포상황과 명도·채도에 의해 넓게 보이는 도로, 옹벽의 색채 등, 몇 가지 특이한 점을 가지고 있다. 또한 이즈시의 적토벽은 일본의 전통적인 도시 중에서는 눈에 띄게 채도가 높은 색채이다. 그리고 우치코의 황토색벽과 흰 진흙의 대비도 개성적이다. 도시 전체의 경관에 강하게 관계하고 있는 색채구조와 도시에 사는 사람들이 만나는 풍부한 표정을 가진 소재색이 섞이며 도시의 분위기가 만들어진다.

흙색의 마을 – 토코나메

　토코나메는 아이치^{愛知} 치타반도^{知多半島} 서쪽에 위치한 인구 약 52,300명, 면적 48.46평방미터의 남북으로 좁고 긴 마을이다. 서편에는 이세완伊勢灣에 접한 비교적 평탄한 지형이 있으며, 동쪽에는 완만한 언덕지대가 있다.

토코나메常滑라는 지명은 오랫동안 만엽집万葉集: 나라 시대의 노래집에 수록되어 있으며, '常'는 '바닥', '滑'는 '완만한'이라는 뜻에서 유래한다고 전해지고 있다.

도자기 산업은 헤이안平安 말기에 시작되어, 카마쿠라鎌倉 · 남북조 시대에 걸쳐 일본을 대표하는 산지로 성장했다. 그 무렵은 단지 · 항아리 · 도자그릇 · 접시 · 화분 등 생활용기가 만들어졌지만 무로마치室町 시대에는 동굴가마에서 대형가마로 가마의 구조가 발전해 대형 병과 그릇을 생산하게 되었다. 이 무렵부터 토코나메 도자기가 성립되었다.

에도 시대에는 차 도구 등의 공예품도 만들게 되었다. 지금도 토코나메 도자기를 대표하는 슈데이朱泥 도자기가 만들어지기 시작한 것은 막부 말기부터 메이지에 걸쳐서이다. 메이지 시대 이후부터 도자기관 · 주조용의 소주병 · 타일 · 화분, 여기에 위생도기 등이 생산되었다. 가마의 마을로 번영한 토코나메에는 많은 굴뚝이 세워져 있었다. 그곳에서 매일 뿜어내는 대량의 연기가 마을을 덮었다. 토코나메의 집은 먼지와 부식을 막기 위해 벽면에 콜타르를 도장했다. 몇 겹으로 칠해져 검고 깊게 빛나는 벽과 지붕을 덮은 검고 옅은 기와가 검은색의 개성적인 마을을 만들어 내었다.

현재의 도자기산업은 근대화로 인해 굴뚝에서 뿜어내는 연기는 보이지 않는다. 색반점이 큰 아름다운 기와를 쌓은 굴뚝이 이어진 풍경은 토코나메다움을 만들어 왔지만 그 역할을 다한 굴뚝은 해체되고 있는 중이다.

토코나메의 벽

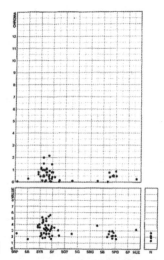

그림 5-5
벽의 컬러팔레트

그림 5-6
먼셀 색도표에 의한 벽의 색채

그림 5-7
토코나메의 검은 벽

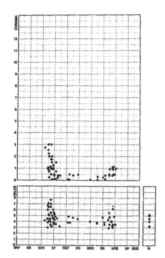

그림 5-8
먼셀 색도표에 의한 지붕의 색채

토코나메의 지붕

그림 5-9
지붕의 컬러팔레트

먼셀 색도표

이 색도표는 명도, 채도, 색상의 3속성으로 구성된 먼셀 색입체를 평면에 표현한 것으로, 명도/색상, 채도/색상인 두 가지 도표를 겹쳐서 표현했다. 가로축에는 색상을, 아래 도표의 세로축에는 명도, 위 도표의 세로축에는 채도를 표현하고 있다. 이렇게 하나의 색채를 명도/색상, 채도/색상의 도표에 동일 색상폭 상의 두 개의 점으로 표현된다.

무채색은 명도/색상도표의 오른편에 표현하여, 밝음의 단계만을 나타내고 있다.

그림 5-10
토코나메의 검은 지붕

토코나메의 검은색은 시대의 흐름 속에서 태어난 색이며, 진한 검정색 역시 굴뚝과 같이 그 사명을 마쳤을지도 모른다.

□ 중후한 검은 벽의 이어짐(그림 5-5~7)

토코나메에 집의 벽은 진한 검정이다. 더러움과 부식을 막기 위해 사용된 콜타르가 몇 겹으로 겹쳐져 중후한 검은색 풍경을 만들고 있다. 벽에 사용된 콜타르 색조는 지붕보다 더욱 어둡고, 채도도 한참 낮다. 벽소재에는 목재와 함께 아연판도 사용되어 결코 풍부하지는 않지만 칠하면서 생긴 콜타르의 갈라짐과 얼룩에 의해 독특한 풍미를 느낄 수 있는 도시가 되었다.

콜타르의 색도 약간은 퇴색되어 풍미를 더해간다. 전혀 무채색이 아닌, 지붕의 기와색채분포와 같도록 다소 YR^{황적색}계나 Y^{황색}계의 색맛을 가지고 있다. 명도는 2에서 6사이까지 퍼져 있지만 2에서 3부근에의 집중도 보여, 기와의 3에서 8사이의 분포보다 저명도 영역에 분포되어 있다.

□ 검은 기와지붕(그림 5-8~10)

토코나메에는 검은 기와를 올린 집이 이어져 있다. 긴 세월을 거쳐 변한 검은 기와는 색반점의 범위가 넓고, 지역표피의 흙색을 보이는 곳도 있다. 다소 황적색의 맛을 띠고 있으며 대지색에 가까운 검고 옅은 기와는 차분하고 온화함을 느끼게 한다. 밝음과 선명함을 충분히 억제한 기와색은 주변에 자란 수목의 녹색에 녹아 들어 있다.

기와 색은 명도 4부근을 중심으로 분포되어 있으며 무채색의 암회색인 저채도이면서 색상의 범위는 넓다. 또한 YR계와 Y계에서는 채도 3 정도의 색맛을 느낄 수 있는 색영역에 걸쳐 반점이 큰 색채분포가 퍼져 있다.

□ **도자기의 옹벽과 보도**(그림 5-3, 4)

토코나메의 기상을 담고 있는 미로와 같은 보도는 오래 전의 도자기로 메워져 있다. 팔리지 않는 토관이나 소주병, 유산병은 옹벽에 이용되어 따뜻한 맛을 느낄 수 있는 길의 풍경을 만들어 내고 있다. 흙과 석재를 사용한 일본의 전통적인 거리에서는 보도 색이 집에 사용되는 색의 폭을 넘어서는 경우가 거의 없다.

토코나메와 같은 좁은 색영역에 제한된 검은 집과 풍부한 색반점을 가진 도자기로 된 보도와의 대비는 개성적이며 다른 곳에서는 보기 드물다. 이러한 도자기는 색상 YR계를 중심으로 분포하고 있다. 명도는 2에서 8 가까이 분포하고 있으며, 채도는 기와와 벽보다도 훨씬 높고, 6 정도로 색맛을 강하게 느낄 수 있는 것도 있다. 저채도의 지붕과 벽을 배경으로 고채도의 도자기색이 인상적인 특징 있는 경관을 만들고 있다.

적토벽의 마을 – 이즈시

이즈시쵸出石町는 효고현 북동부에 있으며 인구 약 11,200명, 면적 89.13평방킬로미터의 타지마但馬 지역에 위치한 마을이다. 지형적으로는 세 개의 산으로 둘러싸여 있으며, 그 중앙부를 남북으로 이즈시강이 관통하는 비교적 완만한 농지가 북쪽으로 펼쳐져 있다.

이즈시의 벽

그림 5-11 벽의 컬러팔레트

그림 5-12 이즈시의 거리

그림 5-13 이즈시의 적토벽

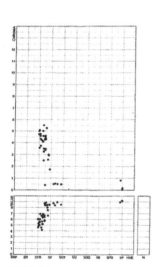

그림 5-14
먼셀 색도표에 의한 벽의 색채

이즈시의 지붕

그림 5-16
지붕의 컬러팔레트

그림 5-15
이즈시의 소재와 색 전시

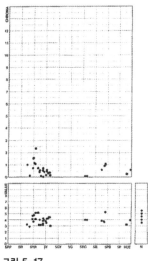

그림 5-17
먼셀 색도표에 의한 지붕의 색채

그림 5-18
이즈시의 민가

기후는 일본 내륙산간에 속하며, 연간 한난의 차가 크고 강수량·강우일수도 많다. 에도 시대에는 인구 5만 5천명이 사는 성곽마을로 발달했지만, 메이지 시대의 대화재로 인해 가옥의 거의 반이 소실되었다. 그러나 마을의 분할은 그 당시대로 남아 있으며, 도로가 기반의 선상을 통과하고 있다. 그 마을의 분할을 따라 평형의 기와를 올린 민가가 연속되어 있어 '타지마의 작은 쿄토'라고 불리우는 차분한 성곽마을의 풍격이 남아 있다.

구 성곽마을의 도시분할에 따른 평자형의 가옥군群은 현眼에서도 중요한 전통적 거리이다. 특히 격자와 무시코창蟲籠窓: 곤충 모양으로 장식한 창 · 우다츠卯達: 집과 집 사이의 지붕보다 높게 한 돌출벽 · 우데키腕木: 기둥을 지탱하기 위해 옆으로 돌출된 나무기둥 · 모치오쿠리持送リ: 벽과 기둥에 부착한 장식용 지주 · 막쿠이타幕板: 벽의 옆으로 길게 세운 나무판 · 절단석재 쌓기 등의 의장은 이즈시 가옥이 가진 특징적인 것이다. 또한 흙벽이 많으며 적토벽, 어린 새의 색, 흰 벽 등이 더해져 거리의 깊은 맛을 더하고 있다. 이즈시는 성곽마을의 모양새나 접시모밀소바를 접시에 담아내는 요리: 역주의 맛, 이즈시 도자기 등의 특산품을 매력으로 현재에도 연간 약 5백만 명의 관광객이 방문하는 곳이 되었다.

□ **적토벽의 거리**(그림 5-11~14)

이즈시에 가옥 외벽은 흙벽이 많다. 그 중에서도 강한 색맛을 풍기는 적토벽은 특히 인상적이다. 흰 진흙벽과 밝은 황색의 어린 새의 색 벽도 보이지만, 채도가 높은 적토벽은 이즈시를 더욱 개성적인 곳으로 만들고 있다.

이 적토벽의 색상은 YR계의 명도 5.5 부근을 중심으로 하고

이즈시의 격자

그림 5-19
격자의 컬러팔레트

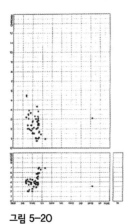

그림 5-20
먼셀 색도표에 의한 격자의 색채

예1

예2

예3

그림 5-21
이즈시의 격자

그림 5-22
우치코의 색채와 소재의 전시회장

그림 5-23
우치코의 거리

있다. 채도는 일본의 흙벽색으로서는 보기 드물게 높은 5 이상의 강한 색맛을 느끼게 하는 범위까지 넓게 퍼져 있다. 적토벽외에도 우리가 어린 새의 색이라고 부르는 밝은 황색의 벽도 보인다. 이 어린 새의 색의 벽이 가진 색상은 Y계의, 명도는 7에서 9부근에 분포하며, 채도는 4 정도까지이다. 이 외에 흰 진흙벽도 보인다.

□ 암회색의 지붕(그림 5-16~18)

이즈시의 많은 가옥은 어두운 회색의 기와를 올리고 있다. 이 어두운 회색의 기와와 섞여 큰 색점을 가진 적기와도 보인다. 이즈시성에서 내려다 보이는 거리는 아름답고 차분한 저채도의 집들이 이어져 성곽마을다운 풍경을 전하고 있다. 이러한 지붕도 최근에는 소재가 바뀐 곳이 많아 토코나메와 같이 시간변화에 따른 색점은 없어졌다. 명도는 4 정도가 중심이 되어 있으며, 채도는 1.5 이하의 비교적 좁은 범위에 집중되어 있다. 이러한 밝음을 억제한 저채도 영역으로의 집중이 차분하고 통일적인 지붕경관을 만들고 있다.

□ 다양한 의장의 격자(그림 5-19~21)

이즈시 가옥의 특징인 목제의 격자에는 섬세하고 다양한 의장이 보인다. 오랜 세월을 거친 수수한 나무결과 깊은 적색의 벵갈라색 등의 격자가 보이며, 이러한 격자가 음영이 있는 깊은 맛의 거리를 만들고 있다. 격자의 색채범위는 넓다. 색상은 YR계와 Y계를 중심으로 비교적 좁은 범위에 들어 있으며, 명도는 2부터 7 부근의 색까지, 그리고 채도도 5.5 부근의 비교적 강한

우치코의 벽

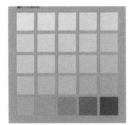

그림 5-24
벽의 컬러팔레트

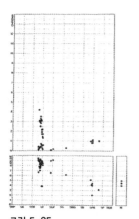

그림 5-25
먼셀 색도표에 의한 벽의 색채

예1

예1 　　　　　예3

그림 5-26
우치코의 황토벽

그림 5-27 우치코·요우카이치(八日市) 고코쿠(護國) 지구의 거리

색맛을 느끼게 하는 것까지 넓게 분포하고 있다. 높은 채도의
격자는 벵갈라를 칠한 것으로, 당시는 현재보다 더욱 고채도의
화려한 색이었던 것으로 보인다.

황토색의 마을 - 우치코

우치코內子는 에히메현의 서북부에 위치한 인구 약 12,700명,
면적 120.64평방킬로미터의 마을이다. 마을의 중심부에는 세 개
의 하천이 흐르고 있으며, 면적의 약 70%를 산림이 차지하고 있
기 때문에 평야는 극히 적다. 토지는 비옥하며 기후는 온난다습
하다. 물도 풍부해 주로 과수를 재배하는 농가가 발달해 있다.

또한 에도 시대부터 메이지 시대에 걸쳐 목랍을 생산하여 번
성했던 '요우카이치八日市 고코쿠護國 지구'의 거리가 중요전통적
건조물군 보존지구로 지정된 후로는 우치코쵸를 중심으로 독
자적인 역사적 경관·문화를 다음 세대에 물려주기 위한 마을
만들기가 행해졌다.

이 지구의 거리특징은 황토색과 아름다운 흰 진흙의 대비와
중후한 외벽을 가진 평자의 가옥이 연속적으로 이어진 것이다
그림 5-23, 27. 집과 집 사이에는 골목과 수로가 남아 있으며, 다른
곳에서는 볼 수 없는 분위기를 풍기고 있다. 색채와 소재도 통
일적이지만 다양하게 고안된 세부의 의장이 변화로우면서도
향취 있는 풍경을 만들고 있다. 목랍생산의 전성기에 만들어진
혼하가야 주택本芳我家과 카미하가야 주택上芳我家에서는 치밀하고
다양한 의장을 행한 화려한 세부의 상가건축이 강한 인상을 풍
기고 있다.

□ 황토벽의 거리(그림 5-24~26)

우치코의 가옥의 외벽에는 흙벽이 많으며, 밝고 맑은 황토색과 흰 진흙의 온화한 대비가 인상적이다. 도장이 아닌 겹겹이 칠해져 속에서부터 우러나오는 흙벽의 색에는 강한 존재감이 있다. 그 황토벽과 시간이 지나 다소 황색의 느낌을 띤 흰 진흙벽과의 부드러운 대비는 매우 아름답다. 황토색은 Y계의 명도 8, 채도는 3 정도의 색수치를 가지고 있다. 이즈시의 적토벽보다도 밝고 온화한 색맛을 가진 흙벽색이다.

□ 암회색의 지붕(그림 5-28~30)

우치코의 많은 가옥은 암회색 기와를 올리고 있다. 기와의 구운 반점은 시간의 흐름과 더불어 온화한 색채를 가지고 있지만 그 표정은 복잡하다. 이를 통해 우치코의 기와는 보다 중후하고 묵직한 존재감을 지닌 지붕경관을 만들고 있다.

우치코의 기와색은 다소 따뜻함을 가진 저채도 · 저명도색이 중심이 되어 있으나, 그 색채는 이즈시의 지붕기와와 크게 다르지는 않다. 우치코의 지붕경관은 색채보다도 겹쳐짐의 효과를 살린 기와 쌓기가 특징이다.

□ 풍부한 표정을 가진 세부의 의장(그림 5-31~34)

우치코의 의장에는 제각기 다른 의장의 격자와 벽그림, 돌출벽 등이 보인다. 이것들은 자연소재의 온화한 색조가 중심이 되어 있지만 비교적 자유롭고 넓은 색 폭을 가지고 있다. 이렇듯 다양하고 풍부한 세부의 의장이 거리에 변화를 만들어내어, 길을 걷는 사람들에게 깊은 맛을 전하고 있다. 격자는 기본적으로

는 목재가 시간을 경과해 만들어낸 저채도색이 많지만, 여기서
도 벵갈라를 칠한 붉은 격자가 일부에서 보인다. 이즈시의 격자
는 좁고 세밀하지만, 우치코의 격자는 만일의 상황을 대비하여
만들어져 두껍고 묵직함을 가지고 있다.

지역의 소재를 살린다

　토코나메·이즈시·우치코의 소재색의 특징을 가진 마을 세
곳을 살펴봤다. 세 도시의 풍경에는 정취가 있다. 마을을 걷다
보면 통일성 속에도 다양한 변화가 있으며, 오래 보아도 질리지
가 않는다. 시간과 같이 축적되어 온 소재색과 세부의장이 풍부
한 표정을 전해준다.

　현재는 건축자재가 자유자재로 유통되고 있어 일본 어디든
지 균일한 경관이 확산되고 있다. 새롭게 개발된 소재도 이러한
힘을 가지지 않으면 지역의 경관은 점점 더 빈약한 것이 될 것
이다. 이후의 색채계획에는 색을 소재와 일체화시켜 깊이 있게
관찰하는 눈이 요구된다.

예1

예2

우치코의 지붕

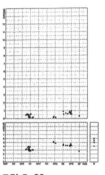

그림 5-29
먼셀 색도표에 의한 지붕의 색채

그림 5-30
지붕의 컬러팔레트

그림 5-28
우치코의 검은 지붕의 실예

그림 5-31
격자의 컬러팔레트

우치코의 격자

그림 5-32
우치코의 격자

그림 5-33
우치코의 격자세부

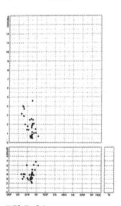

그림 5-34
먼셀 색도표에 의한 격자의 색채

제 6 장
경관형성과 색채기준 1

제6장 경관형성과 색채기준 1

지역의 개성적인 경관형성을 위해 경관조례를 제정하는 지
자체가 꾸준히 늘어나고 있다. 이 경관조례 속에서 색채기준을
제시하는 곳도 많아지고 있다. 당시 조례의 색채기준 속에는
'요란스런 색채는 피한다' 든지, '주변과 조화하는 색채를 고른
다' 등의 의식을 규정하는 내용에 머물러 있었지만, 최근에는
구체적인 색채나 추천할 만한 색채범위를 제시하는 곳도 눈에
띄게 늘고 있다.

이러한 구체적인 색채나 그 범위를 제시하는 것은 알기 쉽게
경관을 지도할 수 있는 반면, 다양한 지역환경에 대한 면밀한
대응이 어렵다는 문제가 발생한다. 여기서는 지역의 경관형성
속에서 색채기준의 이상적인 방향에 대해서 생각해 보자.

효고현 경관조례의 색채지도 기준

효고현兵庫縣의 북쪽은 동해에, 남쪽은 세토나이카이瀬戸内海, 태
평양까지의 넓은 지역에 걸쳐 다양한 자연의 풍토를 배경으로
풍부한 지역환경과 문화를 키워왔다. 이러한 지역성을 바탕으
로 한 아름다운 경관은 다음 세대에도 전하지 않으면 안 된다.

효고현에서는 현재의 뛰어난 경관을 보전하고 매력적인 도시경관을 창조해 나갈 것을 목표로 1985년 3월 '도시경관의 형성 등에 관한 조례'가 제정되었다. 이 조례는 그 후, 도시의 경관만이 아닌 전원풍경과 촌락의 경관 등에도 그 개념이 전개되어, 1989년 4월 '경관의 형성 등에 관한 조례'로 새롭게 태어났다.

이 '경관형성 등에 관한 조례'는 '대규모 건축물 등'과 '경관형성지구' 두 가지로 나눌 수 있다. 이 두 가지에는 기본적인 색채기준이 설정되어 있지만, 그 내용에는 차이가 있다. '대규모 건축물 등'의 색채기준은 약간 느슨한 규제이며, 경관을 혼란시킬 우려가 있는 색채를 배제해 나가고자 하는 네거티브 체크적인 성격이 강하다. '경관형성지구'의 색채기준은 지역사람들이 인정하는 특징적인 색채를 지키고 키워나가고자 하는 성격이 강하기 때문에 색채지정의 범위가 '대규모 건축물 등'보다 훨씬 좁고 적극적으로 개선해 나가고자 하는 의지가 나타나 있다. 여기서는 먼저 경관을 혼란시킬 우려가 있는 색채를 억제하기 위한 '대규모 건축물 등'의 색채기준을 소개한다.

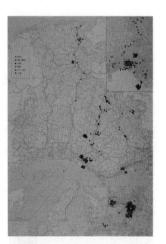

그림 6-1
조사대상의 대규모 건축물 등의 분포도

대규모 건축물 등의 색채조사

효고현에서 '대규모 건축물 등'을 유도해 나가기 위한 색채기준 작성이 요구된 것은 1984년의 일이었다. 그 당시, 우선 주관적인 판단으로 진행하기 쉬웠던 건축물의 외장색을 가능한 한 객관적으로 판단해 보자고 했다. 그 당시에는 건축물의 색채에 관한 논란도 많았고, 일부 지자체에서는 이미 '화려한 색채는 피하자' 든지 '주변과의 조화에 신경을 쓰자' 등의 기술로 유도하고 있었다. 우리는 건축물의 외장색으로 화려한 또는 주변에 부조화스러운 색채란 구체적으로 어떤 색을 말하는 것인가 등에 흥미를 가지고 있었다. 색채심리학 속에서의 일반적인 화려함·소박함만이 아닌, 건축외장에 어울리는 색채를 알기 위해 먼저 현장에 나가 현황을 이해하는 작업부터 시작했다.

효고현 내에서는 이미 건설된 대규모 건축물의 색채를 측색하여 어떠한 색채가 시행되고 있고, 그것이 어떻게 보이는지를 조사했다.

조사대상은 조사 때부터 과거 4년 사이에 건설된 현 내의 대규모 건축물 등을 대상으로 했다. 현 내의 높이 15m를 넘는 또는 건축면적이 1,000평방미터를 넘는 건축물 또는 공작물의 리스트를 정리한 결과, 그 수는 전체의 321건이나 되었다. 이러한 건축물을 용도별로 보면 전용주택, 병용주택, 숙박 등의 거주계통이 82건으로 전체의 25.5%, 도·소매점, 연구소, 사무소, 각종 학교, 의료시설 등의 상업·업무계통이 141건으로 전체의 43.9%, 공장, 작업장 등의 공업계통이 49건으로 전체의 15.3%, 농업용 창고, 축사 등의 농업계통이 14건으로 전체의 3.1%, 공공시설, 사회복지시설 등의 공공·공익계통이 36건으로 전체의 11.2%, 또한 종교시설, 변전소시설 등 앞의 분류에 속하지 않는 것이 3건으로 전체의 0.9%를 차지했다. 이러한 건물은 주거계통이나 상업·업무계통과는 높이, 공업·농업계통에서는 건축면적에 따라 대규모 건축으로 판단하는 경향을 보였다.^{그림 6-1}

그림 6-2
시감측색에 의한 조사

조사자료의 색채경향

효고현의 각 지역에서 시감으로 조합한 색표를 모두 먼셀치로 바꾸어 색도판에 플로트했다^{그림 6-2}. 먼셀 표색계에서는 색채를 색상^{Hue}, 명도^{Value}, 채도^{Chroma}의 3속성으로 수치화한다. 색도판으로 분포상황을 분석했으나, 몇 가지의 분류방법 중에서도 특히 경관에 영향이 큰 요인으로 여겨지는 채도에 의한 분류에 주목했다.

□ 무채색계의 건축물(그림 6-3, 4)

무채색그룹의 색채는 먼셀 표색계의 뉴트럴 색만이 아닌, 거의 색맛을 느낄 수 없는 채도 0.3 미만까지의 색채를 더했다. 콘크리트의 잘게 부서진 색채에도 다소 채도는 있으나, 여기서는 무채색계통으로 취급했다.

조사대상이 된 321건의 대규모 건축물 중에서 외벽기조색으로 무채색을 사용하고 있는 건축물은 121건으로 전체의 37.7%를 차지하고 있으며, 채도별 분포에서는 가장 많았다. 무채색은 흰색에서 흑색까지 명도의 변화로 구성된 색군으로, 이러한 기조색의 명도는 7 또는 8 이상의 고명도색에 집중되어 있다. 이 고명도색에 집중된 것은 건축용도에 관계없이 주거계통, 상업계통, 농업계통의 일정한 경향이 되어 있었다. 밝고 색맛이 느껴지지 않는 색채도 많이 채집되었다. 무채색은 주장이 약하고 다른 색을 두드러지게 하기 때문에 벽면에 부착된 광고색은 눈에 잘 띄지 않았다.

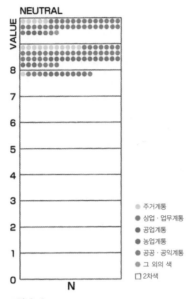

그림 6-3
무채색의 건축물의 색채분포도

주거계통
상업 · 업무계통
공업계통
농업계통
공공 · 공익계통
그 외의 색
2차색

측색한 외벽기조색은 먼셀 수치의 색상, 명도, 채도의 세 가지 수치로 전환되었고, 거기에 건축물 색채에 특히 중요한 채도별 도표를 작성했다.

채도별 도표는 무채색(뉴트럴)에서 채도가 1단계씩 올라가도록 되어 있다. 도표 속에 표현된 색점은 각 건축물의 용도를 나타내고 있으며, 옐로우는 주거계통, 오렌지는 상업 · 업무계통, 퍼플은 공업계통, 그린은 농업계통, 블루는 공공 · 공익계통, 핑크는 그 외의 것을 나타내고 있다.

또한 외벽기조색 이외에 특히 큰 면적에 사용되고 있는 것은 2차색으로 각각의 용도를 사각형의 색으로 표현하고 있다.

그림 6-4
무채색의 건축물

138

그림 6-5

채도 0.3~1의 건축물과 색채분포도

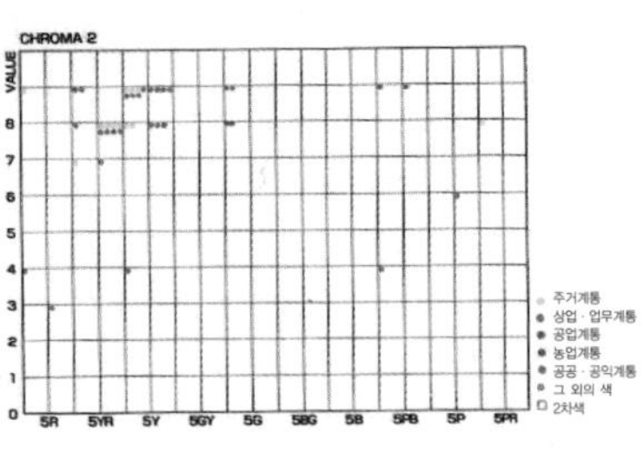

그림 6-6

채도 1~2의 건축물과 색채분포도

□ 채도 0.3~1의 건축물(그림 6-5)

유채색의 채도 0.3 이상, 1 이하의 외벽기조색은 105건이 채집되어 전체의 32.7%에 달하고 있으며 무채색 다음으로 높은 비율을 점하고 있다. 이 색군을 명도별로 보면 무채색군과 같은 고명도색에 집중되어 있으며, 명도 8에서 9 사이에 많은 수의 색이 들어가 있었다. 색상은 난색계통의 10R에서 5Y의 사이에 집중되어 있다. 한색계통은 적었으며, 난색계의 오프화이트색이 대부분이었다.

□ 채도 1~2의 건축물(그림 6-6)

채도 1~2까지의 외벽기조색은 38건 채집되어, 전체의 11.8%로 비교적 낮았다. 명도·채도의 분포상황은 명도가 다소 낮은 7~8의 밝음을 가진 색이 증가하고 있지만, 색상·명도의 분포상황은 채도 1그룹과 비슷했다.

□ 채도 2~3의 건축물

채도 2~3까지의 외벽기조색은 더욱 적어 전체의 12건, 3.7%를 차지했다. 색상은 5R~10Y 사이에 들어가 있지만, 명도는 중명도가 증가했다. 채도 3 정도가 되면 색맛을 느낄 수 없는 색이 되어, 명도의 변화에 의해 베이지나 브라운 계통의 색채가 된다.

□ 채도 3~4의 건축물(그림 6-7)

채도 3~4의 외벽기조색은 13건으로 전체의 4%이다. 색상은 YR계에 치우쳐 중명도색이 많아 진다. 이 색군의 외장재료는 벽돌 타일이 많다. 1975년 무렵부터 아파트 등의 외장재료로 사용이 증가한 벽돌 타일이 효고현에서도 보였다.

□ 채도 5~6의 건축물(그림 6-8)

채도 4~5의 외벽기조색은 이 조사 당시에는 존재하지 않았다. 채도 5~6까지의 색군은 13건으로 4.0%가 되어 있었다. 채도 6의 수치는 건축외장의 기조색으로서는 매우 강한 느낌의 색채이다. 채도 6그룹의 색상·명도의 분포는 난색계에 집중해 있으며 명도는 넓게 퍼져 있었다.

이 색군에서도 많은 벽돌 타일이 채집되었지만, 건축색으로는 강한 색맛을 느끼게 하는 황적계통도 몇 군데서 보였다. 벽돌 타일은 그 질감에 의해 또는 줄눈의 색이 혼색되기 때문에 거리를 두고 보면 타일자체의 색보다도 온화한 색으로 보이지만 단색의 재료는 그것보다 더욱 화려하게 보여 눈에 띄는 존재가 되어 있었다.

줄눈
벽돌·돌·블록을 쌓거나 타일·합판을 붙일 때 사이사이에 모르타르 따위를 바르거나 채워넣는 부분

□ 채도 7~10의 건축물

채도 6~7의 색군은 채집되지 않았다. 채도 7~8의 색군은 9건으로 2.8%였다. 또한 채도 8~9의 색군도 없었으며, 채도 9~10의 색군은 1건으로 0.3%였다. 채도 8, 채도 10의 색군을 건축용도별로 보면 주거계통이 4건, 상업·업무계통이 5건이었다.

이러한 외장재료에는 타일이 많이 사용되고 있으며, 주변과 대비되어 눈에 잘 드러나는 강한 존재감을 가지고 있었다.

그림 6-7

채도 3~4인 건축물과 색채분포도

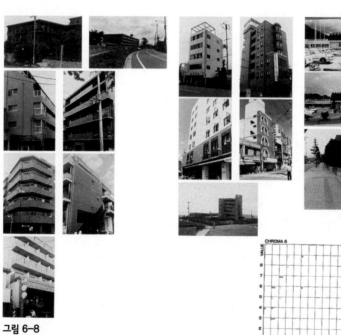

그림 6-8

채도 5~6인 건축물과 색채분포도

그림 6-9

채도 11 · 12 · 14인 건축물

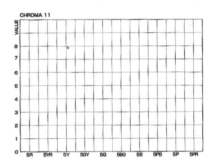

그림 6-10

채도 11인 건축물의 색채분포도

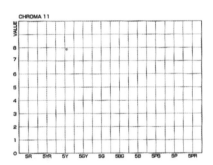

그림 6-11

채도 12인 건축물의 색채분포도

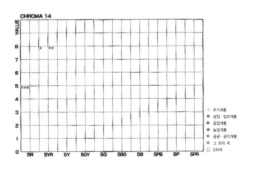

그림 6-12

채도 14인 건축물의 색채분포도

□ **채도 11 · 12 · 14의 건축물**(그림 6-9~12)

채도 11의 색군은 1건으로 0.3%, 채도 12는 2건으로 0.9%, 채도 13은 없었으며 채도 14가 3건으로 0.9%였다. 이러한 원색에 가까운 고채도색은 대부분 상업계통의 건축물에 사용되고 있다. 이러한 색군은 사용방법에 따라 활기를 느낄 수 있는 경관을 만들어 낼 가능성도 있으나, 이 때 채집된 것은 단일건축으로 계획되어 있어 대부분이 주변환경에의 배려가 결여되고 눈에 띄는 것만을 주장하는 건축물이 대부분을 이루고 있었다.

고명도 · 저채도화의 경향

효고현의 대규모 건축물 등의 외벽기조색을 채도별로 분류해 보면 그림 6-13, 14와 같이 된다.

이러한 수치를 한번 더 자세히 살펴보면, 무채색 또는 그것에 가까운 저채도색으로 집중된 것을 볼 수 있다. 무채색과 채도 1의 그룹을 더하면 226건으로 전체의 70.4%에 달한다. 더욱이 채도 2그룹을 더하면 264건으로 82.2%가 된다. 선명하고 강한 색채를 가진 채도 10 이상의 건축물은 7건 있으며, 전체의 2.1%에 지나지 않는다. 그러나 이 2.1%의 건축물이 실제경관에 미치는 영향은 수치보다 더욱 클 것이다. 효고현의 대규모 건축물의 색채를 채도별로 분류해 봤지만 색상을 더해 보면 전체적으로 난색계통에 치우쳐 있다는 것을 알 수 있다. 한색계통의 색채는 극히 저채도의 경우에만 존재하며, 중간 정도의 채도가 되면 흙색에 가까운 R계, YR계의 색상에 집중되어 간다. 또한 벽돌 타일 등의 질감을 가진 난색계의 외장재료에서는 채도 6 정도에서도 위화감이 강하게 느껴지지 않지만, 한색계에서는 채도 4 정도에서도 화려함이 느껴진다.

건축물의 색채는 시대의 유행에 따라 변해간다. 예를 들어, 효고현에서 행한 조사시점에서는 아파트 등의 외장에 적갈색의 벽돌타일을 사용하는 예가 증가하고 있었지만, 최근에는 도심부의 오피스 빌딩을 중심으로 명도를 억제한 그레이 계통이 증가하고 있다. 이러한 건축물의 색채도 시대와 함께 변화한다. 그러나 전체적으로 보면 시대의 유행을 극단적으로 받아들이는 건축물은 얼마 되지 않으며, 특히 도시 전체의 기조를 이루고 있는 많은 건축물의 채도경향은 크게 변하지 않았다.

이 색채조사에서는 외벽기조색을 주요 대상으로 했지만, 이 시점에 이미 색채만으로는 측정이 불가능한 펄 타입의 타일을 사용한 건축이 2건, 반투명거울을 사용한 건축이 1건 있었다. 반짝이는 타일과 색채가 변화하는 편광타일 또는 반투명거울을 사용한 건축물은 그 후에도 증가해 나가고 있다. 이러한 외장재료가 사용되기 시작한 무렵은 경관에 영향력이 큰 고채도의 색채가 적었지만, 최근에는 강한 색맛을 느끼게 하는 것도 생산되고 있다.

이러한 건축재료는 이후로는 색채만이 아닌, 질감과 광택도를 포함한 새로운 조사가 필요할 것이다.

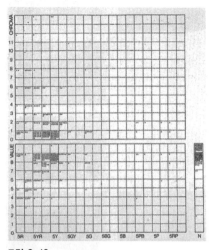

그림 6-13
대규모 건축물 등의 색채분포상황

최종색수 합계 321색		
무채색	121	37.7%
채도 1	105	32.7%
채도 2	38	11.8%
채도 3	12	3.7%
채도 4	13 (2차색 1)	4.0%
채도 6	13 (2차색 2)	4.0%
채도 8	9	2.8%
채도 10	1	0.3%
채도 11	1	0.3%
채도 12	2 (2차색 1)	0.6%
채도 14	3 (2차색 3)	0.9%
그 외	3	0.9%

*2차색 · 외벽기조색 이외에서 특히 큰 면적에 사용되어 경관에 미치는 영향이 강한 색채

그림 6-14
외벽기조색의 채도별 분류

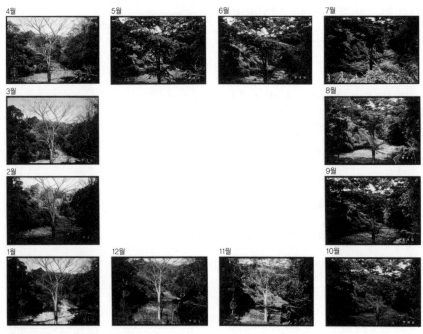

그림 6-15 수목의 1년간 색채변화

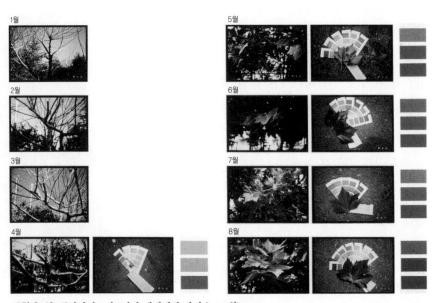

그림 6-16 플라타너스의 1년간 색채변화(사진은 1~8월)

자연의 색을 소중히 여기는 경관형성

효고현에서는 전체 현縣의 공원화 구상을 통해, 녹색이 풍부한 윤기 있는 경관형성을 지향하고 있다. 건축물의 색채도 이 구상과 관계가 깊다. 이러한 구상을 실현해 나가기 위해서는 정비된 도로의 가로수가 더욱 인상적으로 보일 수 있도록 배려하여, 수목의 녹색과 그 이외의 자연경관색에 대해서도 측색을 실시하고 건축외장색과의 관계를 검토해 나가야 한다.

수목의 색

수목의 녹색은 사계절 변화한다그림 6-15. 상록수와 비교해 낙엽수는 그 변화가 크다. 수종에 따라 또는 지역차이에 따라 또는 그 해의 기후에 따라서도 색채변화의 정도는 미묘하게 달라지며 어떤 일정한 틀 안에서 매년 동일한 변화를 반복한다.

1년간의 수목의 색채변화를 관찰해 보면, 4월 중순까지 아직 녹색을 보이지 않던 낙엽수도 5월에는 일제히 싹을 피워 잎을 늘어뜨린다. 그리고 여름을 향해 서서히 녹색이 깊어지고 황색 기운을 떨어뜨려 간다. 그리고 9월 하순에는 다시 한번 황색 기운의 방향으로 색상이 이동하여 잎의 일부는 매우 높은 채도색으로 단풍이 물들고, 그 후로 잎을 떨어뜨려 간다.그림 6-16, 17

이러한 변화 속에서 봄의 신록은 빛을 통과하는 투과광으로 보기 때문에 보다 선명해 보이지만 실제 잎의 색은 채도 7 정도이다.

이 시기는 매우 짧으며, 곧 6 정도까지 떨어져 버린다. 안정된

그림 6-17
색표에 의한 녹색의 측색

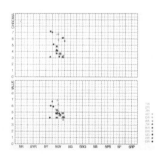

그림 6-18
플라타너스의 연간 먼셀 색도표

채도변화는 대략 3∼6 정도의 범위에서 변해간다^{그림 6-18}. 신록의 녹음과 단풍이 드는 시기에는 보다 선명하고 아름다운 색으로 변해가지만 이 시기는 불과 한 순간이다. 이러한 수목과 건축외장색의 관계를 살펴보면, 건축의 외장색이 채도 6 이상이 되면 수목의 녹색보다도 유목성이 높아지고 녹색의 미묘한 변화가 보이지 않게 되며, 반대로 채도 3 이하가 되면 수목의 녹색은 유목성이 높고 경관 속에서 배경이 되기 힘들게 된다. 크게는 이러한 경향이 보이지만 건축외장에 자주 사용되는 관례색과의 관계나 먼셀 색도표에서의 색상마다의 채도차이도 생각해 둘 필요가 있다.

색채경관형성의 3단계

색채경관형성에는 크게 세 가지 단계가 있다. 제1단계는 색채경관형성의 내용을 많은 사람들이 인식하게 하는 계몽활동이다. 보다 많은 사람이 환경색채의 디자인 방법을 몸에 익혀 자주적으로 질 높은 색채사용을 유도하는 것이다.

제2단계는 온화한 색채유도로 색채경관의 기초를 만들어나가는 것이다. 적극적인 지역의 색채경관을 창조해 나가는 것보다 지역경관을 방해하는 색채를 배제해 나가는 것에 중점을 둔다. 이러한 기준에 따라 지역의 색채경관의 기초를 정비해 나간다.

제3단계는 지역경관의 질을 향상시키기 위한 면밀한 조사·검토를 기반으로 적극적인 색채경관을 만들어 나가는 것이다. 조사를 통해 지역에 축적된 색채를 파악하고, 도시만들기 방침과의 관계를 고려해 주민과 함께 색채사용의 룰을 정한다. 역사가 짧은 신도시 지역에 있어서도 향후 도시만들기 방침에 따라 그것의 실천에 적절한 색채범위를 선정해 룰로 만든다.

이 세 가지 단계는 지역의 색채경관형성에 대한 성숙도에 따라서도 다르게 사용하여야만 한다. 환경색채에 대한 충분한 이해가 없이 색채기준만을 만드는 것은 피해야만 한다. 우선 경관에 있어서 색채의 중요성을 알고, 색채경관의 기초를 만들어 지역의 색채경관을 강화해 나가는 단계별 진행을 중요시한다.

효고현에서는 이 세 가지 단계에 따라 색채사용을 다르게 했다. '대규모 건축물 등'의 색채기준은 제2단계이며 지금까지 축적되어 온 건축물의 관례색과 관계가 먼 색채의 사용을 피하여, 자연의 녹색경관과 조화시켜 나가도록 규정했다. 또한 수치로의 색채측정을 가능한 한 많은 사람들이 이해할 수 있도록 하여 객관적인 환경색채디자인의 개념을 확산시켜 나가는 것에 신경을 썼다.

대규모 건축물 등의 색채지도 기준

효고현의 '경관형성 등에 관한 조례'의 대규모 건축물 등의 색채지도기준에서는 기조가 되는 색은 요란스럽지 않도록 노력한다. 그 범위는 먼셀 표색계에 있어 다음 사항을 준수한다.

① R적, YR황적계의 색상을 사용하는 경우는 채도 6 이하
② Y황계의 색상을 사용하는 경우는 채도 4 이하
③ 그 이외의 색상을 사용하는 경우는 채도 2 이하

로 하고, 건축확인신청 전에 색채의 제출을 의무적으로 하고 있다.그림 6-19

효고현의 색채지도기준은 색상과의 관계에 따른 채도만이 나타나 있다. 명도가 경관에 미치는 영향도 다소 있지만, 그 영향의 관계는 복잡하며 명도의 고저가 일순간에 경관의 좋고 나쁨으로 이어지지는 않는다. 그것에 비해 채도는 현재 사용되고 있는 건축외장색에 분명히 저채도의 경향이 있으며, 고채도일수록 유목성이 높아 주변환경에서 눈에 띄어 보이는 경향이 있다.

모든 건축물이 저채도색을 사용하는 것이 바람직한 것은 아니지만 유목성이 높은 고채도색을 사용하는 건축물이 경관에 저해되는 예가 많다. 이러한 이유에서 효고현의 대규모 건축물 등의 색채기준에서는 채도만을 나타내고, 명도는 각각의 장소에 맞도록 고려하기로 했다.그림 6-20, 21

채도만의 표시에 있어서도 색채유도를 색수치로 표현하는 것은 문제가 많다. 기준치는 효고현의 어떤 지구에서건 통용이 가능하도록 범위를 넓혀 설정해야 한다. 그리고 수치화를 통한 색채 체크는 단순화되기 쉬운 우려도 있다.

경관에 있어 색채유도는 색채범위를 나타내는 것 외에 다른 몇 가지 방법이 있다. '환경과 조화된 색을 선택한다' 든지 '요란스런 색을 피한다' 등의 문구에 의한 표현도 좀더 섬세하게 하고, 방침의 구체적 실행이 가능한 인재와 체크가능한 시스템이 확보되어 있으면 유용하다. 효고현에서도 이러한 방법이 검토되었지만, 모든 현에 환경색채의 개념을 넓혀 경관의 기초를 만들어 나가기 위해서는 색채의 채도범위를 수치로 나타내는

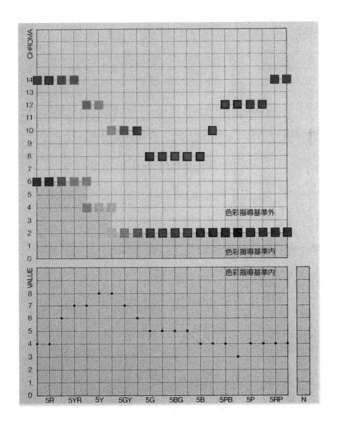

그림 6-19
효고현의 대규모 건축물 등의 색채
지도기준

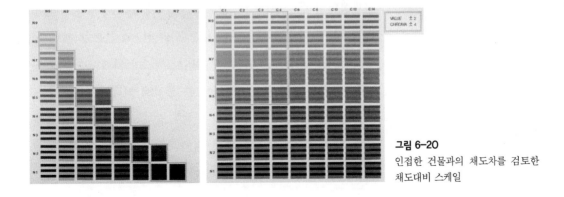

그림 6-20
인접한 건물과의 채도차를 검토한
채도대비 스케일

방법을 채용하는 것이 효과적이라고 판단되어 JIS표준색표^{먼셀}^{색표}의 수치로 규정하고 있다. 그것은 '조화롭다' 든지 '요란스럽지 않다' 등 언어에 의한 컨트롤의 한계를 넘어, 환경색채의 문제점을 보다 구체적으로 하기 위해서이다. 또한 이를 통해 색채가 꼭 주관적으로만이 아닌 수치로의 측정이 가능하며, 그 방법을 통해 새로운 룰의 작성이 시작될 것으로 기대한다.

6 · 4 · 2 등의 채도기준을 나타낸 효고현의 색채지도 기준의 표현방법은 다소 오해를 불러일으킬 소지도 있다.

이 표현은 6 · 4 · 2 이하의 채도범위라면 어떤 색채를 사용해도 무방하다고 생각한다. 이 6 · 4 · 2라는 범위는 조사결과에서도 알 수 있듯이 건축외장의 기조색으로는 상당히 넓다. 그 때문에 이러한 색채기준을 만들더라도 현황은 크게 바뀌지 않으며, 그렇기에 그다지 효과적인 규제는 아니다라는 의견도 있었다. 그러나 이 6 · 4 · 2라는 범위는 네거티브 체크로 여겨지고 있으며, 주변에 큰 영향력을 가진 색채를 체크해 나가고자 하는 것이다.

또한 모든 건축외장색을 6 · 4 · 2의 범위로 억제하는 것이 아닌, 주변환경을 고려하여 지역사람들에게도 충분히 설득한다면 경관심의회 등을 거쳐 이 범위 외의 색채라도 사용 가능하다. 지역에서도 환경색채에 대한 토론도 늘어나고 있으나, 보다 적극적인 경관형성지구에서는 네거티브 체크 이외에도 지역의 개성을 반영한 보다 좁은 색채범위를 설정해 적극적으로 경관을 만들어가고자 하는 자세가 강조된다. 효고현의 대규모 건축물 등의 색채기준은 약간 느슨한 네거티브 체크이며, 환경색채의 개념을 넓혀 나가기 위한 계몽적인 성격이 강하다._{그림 6-22, 23}

그림 6-21 지도기준검토를 위한 컬러 시뮬레이션(상하)

□ 색채기준 이후

색채범위를 명시한 효고현의 색채지도기준은 그 후 경관행
정에 강한 영향력을 가지게 되었다. 당초 생각하고 있던 환경색
채의 개념을 일반화하기 위한 계몽효과도 충분히 거두었다. 최
근에는 이와 동일한 기준을 적용하는 지자체가 늘어나고 있으
며, '6·4·2'라고 읽는 방법도 확산되고 있다. 그러나 이 '6·
4·2'는 효고현의 경관형성을 위해 책정한 것이며, 또 한 가지
경관형성지구의 색채기준과 합쳐 운용할 때 보다 강한 의미를
가지게 된다.

6·4·2의 채도기준은 국내에서는 어느 정도 일반화 되었지
만, 기준치만을 안이하게 흉내내는 것은 바람직하지 않다. 효고
현에서는 이 기준치의 책정을 위해, 현 내의 건축외장색을 조사
와 동시에 학습모임을 병행한 것이 그 후의 색채유도에 큰 영
향력을 가져온 것이다.

사전에 다양한 경관을 상정해 세밀한 부분까지 색채사용법
과 색채기준을 작성하더라도 그것은 그다지 활용되지 않는다.
색채기준과 경관 매뉴얼 등은 기본적으로 네거티브 체크의 성
격을 가지고 있다.

지역의 개성적인 경관을 만들기 위해서는 다양한 경관문제
에 세밀하게 대응할 수 있는 인재를 행정과 지역주민 속에서
키워나갈 필요가 있다.

대규모 건축물 등의 신청방법 · · · · ·

대규모 건축물 등은 주변경관에 큰 영향을 미칩니다. 지금부터의 건축계획은 개성을 중시하며 주변거리나 자연을 충분히 배려하는 자세가 요구됩니다.
대규모 건축물·공작물을 건축할 때는 다음을 유의해 주세요.

■ 건축확인신청 전에 신고가 필요합니다.

건축에 대한 사전 상담 (현의 각 토목과 등) → 신 고 (해당 지역에 제출) → 지사의 지도 조언 → 신청 수리 → 건축 확인 신청

＊신고용지는 현의 각 시, 군의 토목사무소 등에 배치되어 있습니다.

■ 대규모 건축물 등의 지도기준을 정하고 있습니다. (항목별 기준)

그림 6-22
설명 팜플렛

		대규모 건축물 등		
		주택, 상업, 업무계의 건축물	공업, 농업 등 생산시설계의 건축물	공작물
의 장	벽 면	배수관, 연결관 등은 외벽면에 노출되지 않게 설치한다.	배수관, 연결관 등은 외벽면에 노출되지 않게 설치한다. 부득이하게 외벽에 노출될 경우 거리에서 잘 보이지 않는 곳에 설치한다.	
	옥 상	형태, 재료, 색채에 의한 건축물과의 조화를 고려한다.	외벽을 올리거나 루버 등에 의해 잘 보이지 않도록 한다. 그것이 힘든 경우 거리에서 잘 보이지 않는 곳에 설치한다.	주위에 도출되거나 위화감을 경감시킬 수 있는 디자인으로 한다.
	옥 외	형태, 재료, 색채에 의한 건축물과의 조화를 고려한다.	왼편과 동일	
	베란다 등	세탁물 등이 거리에서 직접 보이지 않는 구조, 디자인이 되도록 노력한다.		
색 채	외 벽	기조색은 소란스럽지 않게 한다. 그 범위는 먼셀 표색계의 다음과 같다. (1) R(적), YR(등)계의 색상을 사용할 경우는 채도 6 이하 (2) Y(황)계의 색상을 사용할 경우는 채도 4 이하 (3) 그 외의 색상을 사용할 경우는 채도 2 이하	왼편과 동일	왼편과 동일. 항공법과 그 외의 법령으로 색채에 대한 허가 등을 받아 설치하는 공작물 및 광고물, 광고탑, 시설 등에 대해서는 적용하지 않는다.
그외 사항	식재, 수목	대상지 내의 수목, 식재에 유의한다.	왼편과 동일. 공장입지법, 그 외의 법령으로 녹화의 기준이 정해진 사무소 등에 관계된 것에는 적용하지 않는다.	주위의 식재, 수목에 신경쓴다. 단, 공장입지법과 그 외의 법령으로 녹화의 기준이 정해져 있는 사무소 등과 관계된 곳은 적용하지 않는다.

단, 지사가 도시경관형성심의회의 의견을 경청한 후, 특별히 지역경관의 조화를 위해 이 기준을 적용하는 것이 적당하지 않다고 인정하는 건축물에 대해서는 예외를 허가한다.

그림 6-23
대규모 건축물 등의 신고방법

제 7 장
경관형성과 색채기준 2

제7장 경관형성과 색채기준 2

효고현의 경관형성지구

제6장의 '경관형성과 색채기준 1' 에서는 효고현의 경관조례
중에서 '대규모 건축물 등' 의 색채기준을 소개했다. 여기서 서
술한 것처럼 '대규모 건축물 등' 의 색채기준은 느슨한 규제이
며 경관을 혼란시킬 우려가 있는 색채를 배제해 나가는 네거티
브 체크적인 성격이 강하다. 이에 비해 '경관형성지구' 의 색채
기준은 지역의 개성을 강화해 나가기 위한 보다 적극적인 자세
를 제시하고 있다.

효고현에서는 경관조례를 제정한 이후, 매년 경관형성지구
의 지정을 위한 환경색채조사를 실시해 오고 있다. 우리는 이
조사의 많은 부분을 담당해 왔으며, 여기서는 그 조사자료를
바탕으로 경관형성지구로 지정된 '히메지시 오오테마에 거리
姫路市大手前通り' 와 '미츠쵸 무로츠지구御津町室津地區' 의 예를 소개하
고자 한다.

히메지시 오오테마에 거리에는 중고층 건축물이 늘어서 있
는 경관이 많으며, 미츠쵸 무로츠도 에도 시대부터의 역사적 건
축물이 남아있는 특징적인 경관을 지키고 있다. 이 두 가지 예

에서도 효고현 경관형성지구의 다양함을 알 수 있다.

효고현의 경관형성지구는 전통적인 경관만이 아닌, 야시로쵸 社町 메모리얼 가든 주변지구와 같은 새로운 거리나 스모토시 고모에洲本市 古茂江 해안지구와 같은 리조트지구도 지정되어 있다. 효고현의 경관형성지구는 현의 향후 경관형성에 중요하다고 판단되는 지구를 적극적으로 그 대상으로 하고 있다.

□ **히메지시 오오테마에 거리**(그림 7-1, 2)

히메지시 오오테마에 거리의 경관형성 지구지정을 위한 환경색채조사는 1985년에 행해졌다. 히메지시는 효고현의 남서부에 위치한 중핵도시이다. 이 도시는 오래된 역사와 함께 산길을 통해 교통의 요지로, 또한 정치 · 경제 · 문화의 중심지로 번영해 왔다.

지금도 국보 히메지성이 있는 도시로 넓리 알려져 있다. 신칸센에서도 히메지성을 바라볼 수 있으며, JR 히메지 역에서 성을 향하는 도로가 오오테마에 거리이다. 이 거리는 도중에 국도 2호선과 교차하며, 국도 2호선에서 역 남쪽이 상업지구이고 히메지성 쪽은 주택 · 공공시설 · 사적 등이 있는 비교적 차분한 지역이다.

환경색채조사는 시의 상징인 히메지성이 바라다 보이는 오오테마에 거리 전체를 양호한 경관으로 형성해 나가기 위해, 이 선로에 지어진 건축물과 광고물의 색채현황을 파악하는 것부터 시작했다.

그림 7-1
히메지성 외관

그림 7-2
오오테마에 거리

□ 색채조사의 방법

환경을 구성하는 수많은 색채요소를 파악하기 위해 현지에서 측색을 실시했다. 환경색채를 검토하기 위해서는 감각적인 방법도 중요하지만 기조가 되는 데이터를 과학적인 조사에 근거해 계수화, 수치화할 필요가 있다. 오오테마에 거리의 환경색채조사에서는 측색기에 의한 계측과 현지에서 조사용 색표를 대상물에 근접시켜 제는 시감측색법을 병용했다. 조사용 색표는 JIS표준색표 및 특별히 작성한 3천 색으로 구성된 건축조사용 색표를 사용했다.

또한 건축물의 측색과 동시에 대상물을 포지티브, 네거티브 양 타입의 필름으로 촬영해, 건축소재와 색채의 사용법을 상세하게 기록했다. 측색의 대상은 조사구역 건축물의 벽면기조색이 주였지만, 동시에 경관에 큰 영향력을 가지고 있는 광고물의 측색도 행했다. 채집한 색채를 색표로 균등화하고, 또 한번 정밀한 측색기를 이용한 측색을 행하여 색상·명도·채도를 산출했다. 그리고 이러한 데이터를 먼셀 색도표에 플로트시켜 환경색채구성을 정리했다.

오오테마에 거리의 벽면기조색과 광고색

조사대상인 오오테마에 거리에 있는 건축물의 총수는 84건이다.

오오테마에 거리는 히메지역에서 북쪽을 향하고 있으며, 이 거리의 동쪽에 있는 건축물이 34건, 서쪽에 있는 건축물이 84건이다. 이러한 건축물의 용도, 규모는 국도 2호선을 경계로 크게 달라진다.

색채도 이 건축물의 변화에 맞추어 국도 2호선을 남북으로 나누어 크게 차이가 난다. 건축물의 규모와 형태만이 아닌 색채적으로도 변화가 보이는 것이다.

오오테마에 거리에 접한 건축물 등의 입면도를 통해, 각각의 벽면기조색과 광고색을 나타냈다. 그림 7-3~8까지가 오오테마에 거리의 서쪽에 있는 건축물이고, 동쪽그림 7-5와 7-7의 사이에 국도 2호선이 달리고 있다. 또한 그림 7-9~14가 동쪽에 늘어선 건축물이며 그림 7-13의 ▼에 국도2호선이 달리고 있다. 입면도 밑에 붙여진 색표는 각각의 건축물의 벽면기조색이다. 건축물 중에서는 단색만이 아닌 저층부와 중층부를 나누어 칠한 곳도 있지만, 벽면 중에서 가장 큰 면적을 차지하고 있는 색채만을 표시했다.

또한 입면도의 위쪽에는 고채도색의 색표가 붙여져 있는데, 이 색채는 건축물의 지붕에 붙여져 있는 옥상광고물의 색채이며, 종 방향으로 몇 색이 늘어서 있는 속에서 밑에 있는 색채가 광고면의 배경이며, 그 외의 색채가 문자나 마크 등의 색채이다.

광고색으로 채집된 색채는 벽면기조색보다 채도가 높으며, 대부분이 최고도의 채도색이다. 그 때문에 건축물 벽면보다 적으면서도 더욱 눈에 띄는 존재가 되어 있다.

연속된 건물의 벽면기조색의 색차

현지에서 색표와 조합한 재료를 측색기를 사용해 먼셀 색치로 변환했다. 먼셀 색표계의 3속성인 색상Hue · 명도Value · 채도

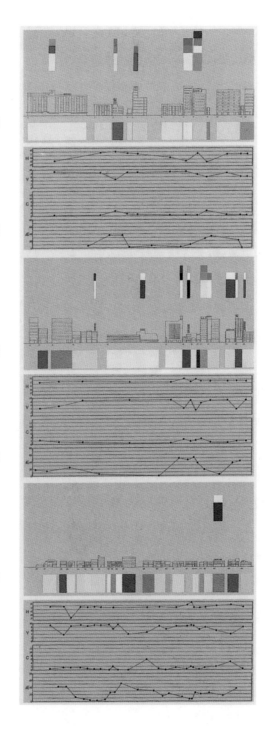

그림 7-3
오오테마에 거리 서쪽 건축물의 벽
면기조색 · 광고색

그림 7-4
오오테마에 거리 서쪽 건축물의 벽
면기조색의 색차그래프

그림 7-5
오오테마에 거리 서쪽 건축물의 벽
면기조색 · 광고색

그림 7-6
오오테마에 거리 서쪽 건축물의 벽
면기조색의 색차그래프

그림 7-7
오오테마에 거리 서쪽 건축물의 벽
면기조색 · 광고색

그림 7-8
오오테마에 거리 서쪽 건축물의 벽
면기조색의 색차그래프

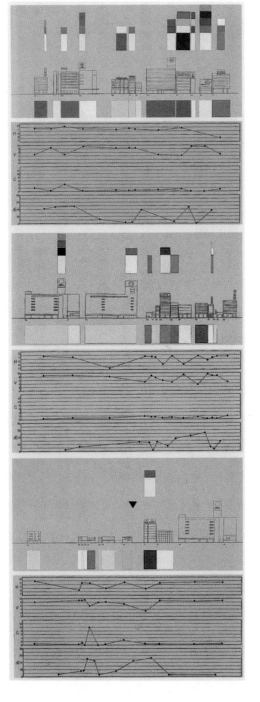

그림 7-9
오오테마에 거리 동쪽 건축물의 벽
면기조색 · 광고색

그림 7-10
오오테마에 거리 동쪽 건축물의 벽
면기조색의 색차그래프

그림 7-11
오오테마에 거리 동쪽 건축물의 벽
면기조색 · 광고색

그림 7-12
오오테마에 거리 동쪽 건축물의 벽
면기조색의 색차그래프

그림 7-13
오오테마에 거리 동쪽 건축물의 벽
면기조색 · 광고색

그림 7-14
오오테마에 거리 동쪽 건축물의 벽
면기조색의 색차그래프

Croma의 수치를 입면도 밑에 표시해, 그것들의 점을 꺾임 선 그래프상에 표시하여 연속된 건축외장 기조색간의 색상차, 명도차, 채도차를 알 수 있도록 표시했다[그림 7-4, 6, 8, 10, 12, 14]. 이 그래프 최하단의 △E의 표시는 연속된 건축물의 벽면기조색의 색차이며, 0에서 80까지의 수치로 나타내고 있다. 수치가 크면 클수록 색차는 크게 되며, 기본적으로 거리의 연속성이 약해진다. 옆으로 나란히 한 건축물의 외벽이 동일색이면 색차는 0이 되며, 이 상태가 연속되면 동일성이 강조되어 지루한 경관이 될 우려가 있다.

거리경관은 건축물의 형태나 소재와의 관계가 깊기 때문에 색채만으로 거리의 통일감과 변화를 논하는 것은 위험하며, 적절한 통일감과 변화를 만들어내기 위해서는 색차라는 개념이 필요하다.

□ 벽면기조색의 색채분포

오오테마에 거리에 접한 건축물의 외벽기조색을 먼셀 색도표에 플로트해 그 분포상황을 파악했다[그림 7-15, 16]. 색상은 2.5YR황색 부근을 중심으로 10R적에서 10Y황 부근의 사이에 분포하고 있으며 한색계는 드문드문 있었다. 채도는 건축물로는 굉장히 높은 10 정도의 색채도 보였지만, 대부분은 4 이하 또는 더욱 밀도가 높은 부분은 2 이하에 집중되어 있었다. 명도는 4~9 부근까지 넓게 분포하고 있으며, 8~9 부근의 고명도색이 비교적 많았다.

광고탑의 색채는 사람의 눈을 끄는 것을 목적으로 하고 있기에 고채도색을 주로 사용하고 있다[그림 7-17, 18]. 또한 사용되는 색의 수가 많을수록 대비가 큰 눈에 띄는 배색이 많았다. 색상은 넓게 분포하고 있으나 배경색으로 많이 사용된 백색계를 제외하고는 5R, 5PB청자의 사용이 특히 눈에 드러난다.

오오테마에 거리의 색채 가이드라인

  환경색채조사에서는 거리에 접한 건축물과 광고탑 이외에도 히메지의 상징인 히메지성과 수목, 하늘 등의 자연환경색의 측색도 행했다. 오오테마에 거리의 색채 가이드라인의 측정에서는 거리에 나란히 지어진 건축물과 광고의 색채, 히메지성과 자연환경의 색채를 여러 가지 각도에서 검토했다. 그 때 특히 유의한 점은 아래와 같다.

  ① **현황의 색채를 계승한다**

  환경색채조사를 통해 오오테마에 거리에 접한 건축물 외장색의 경향이 명확하게 파악되었다. 이러한 색채는 무의식 속에서 지역사람들이 선택해 온 색채이며, 지역사람들의 취향이 표현되어 있다. 이러한 색채를 완전히 부정하면 지역의 개성은 만들어지지 않는다.

  또한 거리는 연속적으로 이어져 만들어진 곳도 있어, 항상 현황을 중요히 여겨야 한다. 오오테마에 거리에 접한 건축물의 외장색은 난색계의 저채도색을 기조로 하고 있으며, 일정한 정리감을 가지고 있다. 이 정리감은 이후의 경관형성에서도 살려 나가야 할 것이다.

  ② **히메지의 랜드마크성을 강화한다**

  히메지의 개성을 강화해 가는 데 있어 히메지성의 존재는 크다. 색채계획에서는 히메지성을 랜드마크로 상정하고, 성의 특징을 강조할 색채를 사용함으로써 타 도시와는 다른 개성적인 경관형성을 지향했다. 히메지성의 색채는 기와와 진흙벽의 무채색 사이의 명도대비와 그것을 지탱시키는 채도 2 정도까지의 차분한 돌담색으로 구성되어 있다. 일본의 풍토와 그 속에서 배양되어 온 색채의 사용법을 생각하면, 히메지성이 가진 무채색의 대비를 더 아름답고 인상적으로 보이도록 하고 전경의 요란스런 색채를 없앨 필요가 있다.

③ 지속적으로 살려나갈 환경색채구조를 만든다

도시경관은 지속적인 시간을 들여 키워나가는 것이다. 그 때문에 색채를 일시적인 유행으로 다루어서는 안 된다. 도시의 윤택함을 표현하기 위해서는 상가에 유행색을 연출하는 것도 필요하지만, 도시 전체의 색채구조는 지속적으로 성장 가능한 명확한 골격을 가져야 한다. 기본을 확실하게 만들어 두면 그 속에서 시대변화에도 대응 가능하다.

이러한 개념으로부터 오오테마에 거리의 경관 가이드라인에서는 기조가 되는 색을 히메지의 색조와 조화로운 색채로 하며, 밝은 색조로 함과 동시에 요란스럽게 되지 않도록 노력한다. 그 범위는 먼셀 표색계에 있어 대략적으로 다음과 같다.

① 무채색을 사용할 경우는 명도 5~9
② R적, YR황적, Y황계의 색상을 사용할 경우는 명도 5~9, 채도 3 이하
③ 그 외의 색상을 사용할 경우는 명도 5~9, 채도 1 이하그림 7-19

벽면기조색의 범위는 지금까지 축적된 색채를 기본으로 하고 있지만, 일명 백로성이라 불리우는 희고 아름다운 히메지성

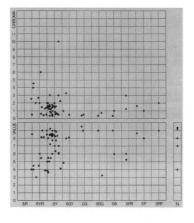

그림 7-15(좌)
거리의 기조색 컬러팔레트
그림 7-16(우)
거리의 기조색

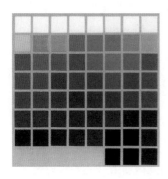
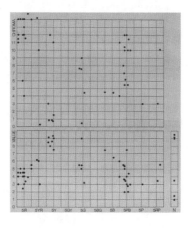

그림 7-17(좌)
광고색 컬러팔레트
그림 7-18(우)
광고색

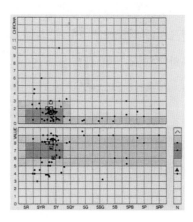

▲ 성(지붕의 기와)
⌃ 성(진흙)
□ 돌담
● 현황건물
▢ 기준
▢ 추천(거리의 아름다움이 늘어나는 범위)

그림 7-19
오오테마에 거리의 색채기준

이 보다 인상적으로 보일 수 있도록, 성보다 명도가 높은 흰 건물은 전경에 나오지 않도록 배려하고 있다. 건축물의 색채범위는 일본의 다른 도시와 비교해 그다지 특징적인 것은 없지만, 오히려 그 같은 온화한 범위 안에 있는 색채의 차분함에 의해 히메지성의 랜드마크성이 강조된다. 가이드라인에는 옥외 광고탑의 색채기준까지는 표시되어 있지 않지만 크기와 형태에 관해서는 기준이 설정되었다.

히메지의 오오테마에 거리는 포장 등이 정비되어, 히메지가 더 인상적인 조망이 되도록 경관을 정비하고 있다. 신축과 개축을 행할 때에도 형태, 색채의 컨트롤을 강조한다면 더욱 아름다운 경관이 될 것이다.

미츠쿄 무로츠 지구

미츠쿄 무로츠 지구御津町室津地의 환경색채조사는 1991년에 실시되었다. 무로츠는 효고현 이보군揖保郡의 세토나이카이瀬戸内海에 접한 인구 약 1,500명 정도의 항구도시이다. 효고현 남부의 히메지시와 아이오이시相生市의 중간에 위치하고 있으며, 주요간선으로는 국도 2호선이 근접해 있다. 무로츠는 굴곡이 많은 풍부한 지형조건의 혜택을 받고 있으며, 삼면을 둘러 싸고 있는 강은 천연의 항구로 오랫동안 번영했던 곳이다. 또한 10세기에 처음으로 미요시키요유키三善清行의 『12 의견서』엔카-延喜 : 일본연호의 하나-14년 914 속에서 세토나이카이 항로 5곳의 정박항 중 하나로 제안되었을 정도로 중요하게 여겨졌다.

헤이안平安 말기에는 쿄토 카모신사加茂神社가 소유한 미츠쿄의

그림 7-20 무로츠의 마을풍경

그림 7-21 카모신사의 신전(상)

그림 7-22 기와지붕의 가옥들(하)

그림 7-23 골목풍경

그림 7-24 거리풍경

그림 7-25 격자로 된 가옥

주방으로 지정되어 묘신산明神山에 분사가 놓여졌다. 현재에도 항구의 높은 곳에 있는 신전은 무로츠의 상징이 되어 있다. 토쿠가와德川 막부의 성립 후, 산킨코타이參勤交代 : 에도 시대의 지방통제제도의 제도가 성립하고 나서 무로츠는 산킨일정기간 장군 아래에서 근무하는 것의 주군명령을 전달하기 위한 항로와 육로의 결절점이 되어, 숙박을 위한 많은 본진이 설치되었다. 본진의 구조는 없어졌지만 옛 상인의 가옥 등은 지금도 어느 정도 남아 있으며, 에도 시대에 번성한 숙박 마을의 면목을 엿볼 수 있다. 현재의 무로츠는 세도나이카이의 어항漁港으로 자리잡고 있으며, 그 역사적인 가치는 크다.그림 7-20

□ 무로츠다운 경관

무로츠의 환경색채조사는 무로츠에 축적된 개성적인 경관과 그 색채의 기록에서부터 시작했다.

기와지붕과 카모신사(加茂神社)(그림 7-21, 22)

무로츠 마을은 말발굽모양의 암반저지대에 있기 때문에, 높은 곳에서는 마을 전체를 바라볼 수 있다. 좁은 경사면에 가옥이 지어져 있어 연속적인 기와지붕을 볼 수 있다. 무로츠에서는 에도 시대부터 기와지붕의 건축물이 지어져 왔다. 이 아름다운 무로츠의 풍경은 말그림 액자에도 그려지고 시로도 읽혀져 많은 사람들에게 소개되었다. 또한 묘신산에 정좌한 카모신사도 마을에서 잘 보이는 위치에 있어, 수목에 둘러싸인 장엄한 신전에서 중세 때부터 오랫동안 신봉되어 온 긴 역사를 읽을 수 있다. 무로츠의 기와지붕 주택은 차츰 적어지고 있지만, 연기로 검게 그을린 이부시 기와를 얹은 가옥이 예전의 풍경을 진하게

그림 7-26
무로츠항의 원경

그림 7-27
어항으로 번성한 무로츠 항구

그림 7-28
어항으로 번성한 무로츠 항구

전하고 있다.

격자의 연속된 가옥(그림 7-23~25)

현재의 무로츠에는 에도 시대, 산킨코타이로 많은 사람들이 지나다녔던 흔적은 없어지고 매우 조용한 마을이 되어 있다. 그러나 거리를 걷다 보면 곳곳에 이어진 낮은 처마의 가옥에서 오랜 역사를 느낄 수 있다. 그러한 가옥의 상당수는 1층 부분에 격자가 붙어 있어, 부드러운 변화를 만들어내고 있다. 건축에는 목재가 주로 사용되어, 아침바람에 방치되어 퇴색된 나무가 가진 온화한 색조가 차분함과 깊은 맛을 만들어내고 있다.

무로츠의 항구(그림 7-26~28)

산으로 둘러싸인 깊은 강을 가진 무로츠는 중세 이전부터 천연의 항구로 알려졌다. 에도 시대에는 산킨코타이의 현관으로서 많은 배가 출입했다. 시대의 변화와 함께 항구의 역할도 바뀌어, 현재에는 어항으로 번성하고 있다. 사계절을 통해 많은 어류가 잡혀, 항구 부근에서는 잡은 생선을 말리는 광경 등을 볼 수 있다.

□ 무로츠의 환경색채조사

무로츠에서도 히메지의 오오테마에 거리와 같은 방법으로 환경색채조사를 행했다. 무로츠의 환경색채조사의 대상지구는 곶의 중앙부 언덕을 경계로 동서로 구분해, 동쪽의 이케노하마池濱와 서쪽의 무로츠 어항으로 나누어 조사를 실시했다. 동쪽의 이케노하마의 건축물은 대부분이 전후 만들어졌지만, 서쪽의 무로츠항은 건축연대별로 색채경향을 분석했다. 에도~메이지 시대, 메이지 중·후기, 메이지 말기~쇼와 전쟁 전후로 분류해,

각각의 건축양식의 특징을 잘 남긴 건축물을 110건 골라내어 외벽의 색채 등을 조사했다. 또한 이케노하마쪽에서는 15건의 건축물을 측색했다.^{그림 7-32}

□ 지붕색의 시대별 색채분포(그림 7-29)

측색 데이터를 기본으로 지붕의 색채분포를 나타내는 도표를 작성했다. 에도 시대에서 메이지 초기에 건설된 건축물의 지붕색상은 무채색이거나 7.5YR~5Y이고, 채도는 1 이하, 명도는 3에서 7까지의 범위에 들어가 있어 다소 따뜻함을 느낄 수는 있지만 자세히 보면 대부분이 무채색 그룹인 것을 알 수 있다. 이것들은 주로 기와의 색채이다. 메이지 시대 중기부터 후기와 메이지 시대 말기에 걸친 쇼와 전쟁 이전의 건물에서도 동일한 경향을 볼 수 있다. 메이지 시대 중기부터 후기까지의 색도표 속에서는 적갈색 계통의 지붕이 한 곳에서 보이지만, 이것은 재도장 전에 바뀐 것으로 보인다. 전후에는 R~B계열까지 색채가 폭넓게 분포하고 있다는 것을 알 수 있다. 전후 지어진 건물에는 푸르고 선명한 기와나 착색 금속판이 자주 등장한다. 무로츠의 지붕경관의 혼란은 전후 시작된 것이다.

□ 벽면기조색의 시대별 색채분포(그림 7-30, 31)

에도 시대에서 메이지 초기에 지어진 건축물의 벽면기조색으로 채집된 것은 대부분이 목제격자의 색이다. 무로츠의 전통적인 건축양식에서는 출입구가 많고, 목제격자가 벽면보다도 넓은 면적에 사용되어 있다. 밝은 황색 기운의 흙벽과 회색의 진흙벽도 일부 보이지만, 벽면으로 채집된 색채는 대부분이 목

그림 7-29

지붕색의 시대별 색채분포도
(무로츠항쪽)

지붕의 색채분포도

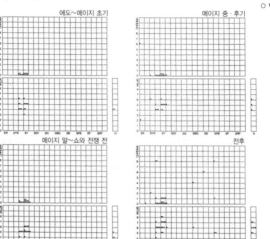

그림 7-30

지붕 · 벽면기조색의 색채분포도
(이케노하마쪽)

지붕의 색채분포도

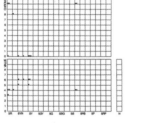

벽면기준색의 색채분포도

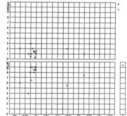

그림 7-31

벽면기조색의 시대별 색채분포도
(무로츠항쪽)

벽면의 색채분포도

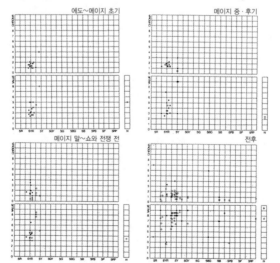

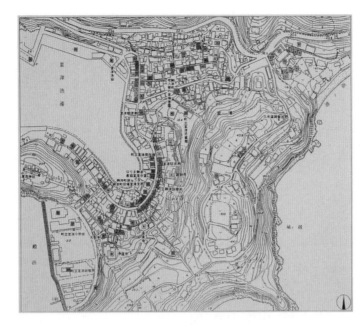

그림 7-32
건축물의 시대별 분포

진흙	나무	흙벽 모래벽	탄성 코트	타일	페인트	금속판	타일	몰타르 슬레이트

조사대상의 합계: 42 / 5 / 4 / 25 / 9 / 7 / 4 2 2

무로츠항쪽
에도~메이지 초기: 71 / 11 / 7 / 7 / 4
메이지 중·휴기: 79 / 11 / 5 / 5
메이지 말~쇼와 전쟁 전: 65 / 10 / 15 / 10
전후: 13 / 44 / 16 / 16 / 8 / 3

이케노하마쪽
전후: 7 / 50 / 29 / 14

(%)

그림 7-33
벽면하단부 소재의 시대별 내역

나무	도벽(벽에 흙 바름)	진흙	타일	몰타르 슬레이트	탄성 코트	금속판	페인트	그 외

조사대상의 합계: 58 / 9 / 1 / 16 / 6 / 5 / 3 1 2

무로츠항쪽
에도~메이지 초기: 68 / 11 / 5 / 11 / 5
메이지 중·휴기: 81 / 13 / 6
메이지 말~쇼와 전쟁 전: 62 / 13 / 6 / 13 / 6
전후: 24 / 14 / 33 / 10 / 14 / 5

이케노하마쪽
전후: 29 / 14 / 14 / 29 / 14

(%)

그림 7-34
벽면하단부 소재의 시대별 내역

재의 색이다. 이러한 색채는 10R~10YR, 명도는 2~5, 채도는 2
이하에 들어가 있다. 메이지 시대 중엽~후기에 있어서도 에도
시대~메이지 초기와 유사한 색채경향이다. 명도가 9로 높은
색채는 진흙벽이나 뿜어서 덧칠한 외벽이다.

  메이지 말기~쇼와 전쟁 전의 벽면기조색의 색상은 그 이전
의 시대와 거의 동일한 경향이다. 건축요소의 색채에는 에도 시
대 ~ 메이지 시대 초기와 비교해, 색상이 R계열에서 B계열까지
넓으며, 명도가 높은 것이 특징이다. 또한 격자의 사용이 줄고,
벽면의 비율이 많아 진다. 건축외장의 구성요소가 시대와 함께
크게 변해 왔다.

□ **외벽소재의 시대별 내역**(그림 7-33)

  색채는 소재에 따라서도 보이는 이미지가 달라지기 때문에,
어떠한 소재가 사용되고 있는가도 조사했다. 진흙벽이나 목재
등 자연소재가 중심이었던 전쟁 이전과 비교해, 전후에 지어진
건축물에서는 접착제를 섞어 뿜은 타일, 슬레이트 등 다양한 인
공재료가 사용되어 있었다. 전후의 인공재료에서는 다채로운

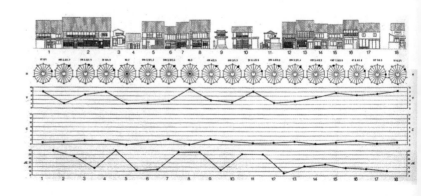

그림 7-35
무로츠 거리경관의 연속성(B-1)

착색이 가능해 졌지만, 색채폭이 확산된 데에는 이 인공소재 사용의 확산에 큰 원인이 있다.

□ 하단벽면 소재의 시대별 내역(그림 7-34)

전쟁 전까지는 목재가 주로 사용되었다. 전후는 벽돌을 사용한 건축물의 수가 증가해, 목재의 사용을 넘어서고 있다. 하단벽도 외벽소재와 같이 다양하다.

□ 건축 파사드의 면적비

무로츠에서도 히메지의 오오테마에 거리와 같은 방법으로 벽면을 그려, 각 건물의 색채를 표시하고 나란히 한 건물과의 색채관계를 산출했다그림 7-35, 36. 거기에서 지붕경관에 대한 영향을 파악하기 위해, 건축 파사드의 색채 면적비를 산출하여 추가적으로 검토했다. 전통적인 건축양식을 가진 건축물이 있는 니시지마야쵸西嶋屋町 A의 거리그림 7-37는 오노쵸 B-1의 거리그림 7-38와 비교하여 지붕면적이 넓고, 벽면적이 좁다. 또한 격자의 면적도 전통적인 건축양식으로는 넓다. 오노쵸 B-1의 개도장된

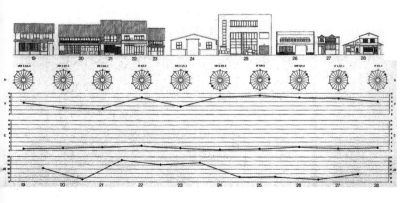

그림 7-36
오노쵸 거리경관의 연속성

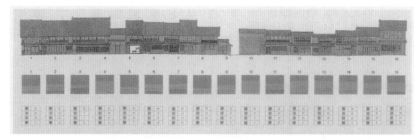

그림 7-37 니시지마야쵸 거리의 건축 파사드의 면적비(A)

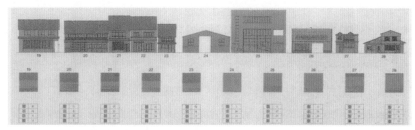

그림 7-38 오노쵸 거리의 건축 파사드의 면적비(B-1)

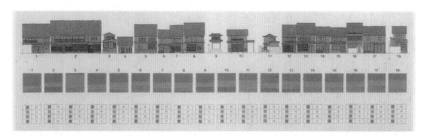

그림 7-39 오노쵸 거리의 건축 파사드의 면적비(B-2)

범례

■ 지붕

□ 외벽

▨ 입구

■ 목제격자 (숫자는 %)

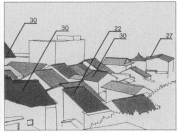

그림 7-40
무로츠 어항쪽의 지붕경관과
기와의 색차

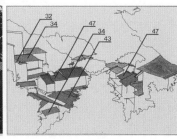

그림 7-41
이케노하마 방면의 지붕경관과
기와의 색차

그림 7-42 기와를 기조로 한 지붕

그림 7-43 목재의 색조

건축물의 상당수는 문지방의 높이가 달라 유사성이 떨어지며, 거리의 연속성이 감소되어 있다. 또한 지붕형태는 삼각형 모양을 유지하고 있는 곳이 많으며 경사면이 도로면을 향해 있는 건축물에서는 이질적인 면도 보인다. 오노쵸 B-2^{그림 7-39}에 있어서는 중층의 무로츠 주민센터를 시작으로 상자형의 평지붕 건축물의 면적비 차이가 명확히 보인다. 이러한 건축물은 경사면을 도로면에 보이게 한 건축물과 같이 벽면적이 크고, 지붕면적은 0이다.

기와는 암회색을 띠며, 목제의 격자가 계속되는 무로츠의 역사적인 거리에 평지붕의 큰 흰 벽면의 건축물이 잠입하게 되면 대비적이고 위압감이 커진다. 건축물의 신축이나 개보수에 있어서는 색채만이 아닌 형태에도 충분한 배려가 필요하다.

□ 무로츠의 건축양식(그림 7-44)

무로츠의 주요 거리변의 집들은 이층주택으로, 이층부분에는 손잡이를 달아 둔 곳도 많다. 에도 시대부터 남아 있던 현재의 무로츠 민속관과 특히 지역성이 보이지 않는 팔작지붕 양식入母屋造의 건축, 서양풍 건축, 세 종류의 외관양식을 비교해 보았다. 이 세 종류의 건축물은 현재 무로츠에서 보이는 것들이다. 건축 입면도 밑의 수치는 입면에 있어서 지붕ㆍ벽ㆍ입구부의 면적을 산출한 것이다. 무로츠 민속관에서는 지붕면적이 입면전체의 2분의 1 이상을 차지하며, 벽면적은 전체의 20분의 1 정도이다. 팔작지붕 건축의 지붕ㆍ벽ㆍ입구부의 면적비는 비교적 비슷한 수치이다. 서양풍 건축에서는 벽면적이 전체의 70% 정도를 차지하며, 지붕면적은 10분의 1 정도였다. 더욱이 입구부의

11 / 68 / 21

39 / 37 / 42

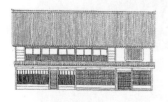

52 / 5 / 43

그림 7-44 무로츠의 건축양식

이미지도 달랐다. 무로츠 민속관의 전통적인 건축물에서는 입구부는 완전히 열려진 형태가 아닌, 격자에 따라 나누어져 있어, 낮은 경사에서 보면 격자가 면으로 변화한다. 무로츠의 전통적인 건축물의 외관은 입구가 좁음에도 불구하고, 중후한 인상이 전해지는 것은 이 격자가 만드는 음영의 영향이 크다. 개성적인 무로츠의 경관은 차분한 자연소재의 사용과 그것들의 배색 면적비에 의해 만들어져 있다.

□ **지붕경관과 기조색**(그림 7-40, 41)

무로츠의 개성적인 경관으로는 지붕경관의 아름다움을 들 수 있다. 일본풍의 기와와 삼각경사지붕이 계속되는 경관은 세토나이카이 연안의 전통적인 거리에서 공통으로 보이는 경향이다. 그러나 이 아름다운 거리도 최근에는 다양화하는 양식과 선명한 색채의 지붕소재의 잠입으로 그 통일감을 잃어가고 있다.

무로츠의 지붕경관을 혼란시키고 있는 새로운 지붕소재색에 대한 분석도 진행했다. 지붕에 수치가 들어 있는 그림 7-40, 41은 최근에 생긴 고채도 지붕소재와 전통적인 기와와의 평균치 4Y5/0.4 색차를 나타내고 있다. 색차는 Lab색차로 표시했으며, △E로 수치화되어 있다. 무로츠 어항 부근은 기와지붕이 비교적 많이 남아 있는 지역이지만 고채도의 새로운 지붕소재는 유목성이 기존의 기와에 비해 높고 대비적이기 때문에 쉽게 눈에 띈다. 이케노하마 부근은 기와지붕이 없으며 전쟁 이후에 건설된 건축물만으로 구성되어 다양한 색채와 재질을 가지고 있어 기와와 색차가 큰 지붕소재의 사용이 많다. 바다로 이어지는 경사면에 지어진 집들의 지붕은 무로츠를 방문하는 사람들이 처음으로 만나게 되는 경관으로 그 인상이 지역에 미치는 영향은 크다. 무로츠의 개성적인 경관을 계승해 나가기 위해서는 차분한 암회색을 기조색으로 한 지붕의 통일성을 없애서는 안 된다.

□ **무로츠의 색채 가이드라인**

그 외에도 몇 가지 조사 데이터의 수집, 분석을 통해 무로츠의 이후 색채경관의 방향을 검토했다. 색채 가이드라인의 책정에 있어서 배려한 점을 아래에 서술한다.

① 기와를 기조로 한 지붕경관을 소중히 한다(그림 7-42)

무로츠와의 만남은 아름다운 기와지붕에서 시작된다. 국도에서 멀리 보이는 미묘한 흑반점을 가진 기와는 겹쳐서 이어져 있다. 높낮이의 변화가 많은 무로츠에는 지붕경관이 중요하며 전통적인 기와가 가지고 있는 차분한 저채도색을 저해하지 않는 배려가 필요하다.

② 차분한 목재의 색을 기조로 한다(그리 7-43)

무로츠의 거리는 목재의 차분한 따뜻함을 가진 색이 기조가 되어 있다. 전후 개축된 건물에는 새로운 건축재료가 사용되어, 무로츠의 전통적인 기조색과 부조화된 색도 많이 출현했다. 시대의 요청에 응한 건축재료도 무로츠의 기조색에 친화되도록 고안을 한다.

③ 무로츠의 특징인 격자를 살린다(그림 7-45)

무로츠의 가옥에서는 섬세한 표정을 가진 격자가 큰 특징이 되어 있다. 목제의 격자는 시간에 따라 변화했으나 주로 밝음을 억제한 나무색으로 구성되어 있다. 이 격자는 차분한 색채와 함께 보는 각도에 따라 다양한 이미지로 변하는 특징을 가지고 있다. 시대와 함께 격자의 사용은 줄어들고 있지만 무로츠의 경관을 개성적으로 보이게 하는 격자를 현대의 생활 속으로 살려 나가야 한다.

④ 전통적인 건축양식과의 조화를 배려한다

무로츠에는 아직 전통적인 건축물이 많이 남아 있다. 시대는 변하고 현대의 생활양식과 전통적인 건물이 맞지 않는 부분도 많지만, 거리의 연속성과 통일성을 고려하여 전통적 건축물이 가지고 있는 건축 파사드의 색채면적비를 배려하는 등 전통적인 건축양식과 조화되는 새로운 건축 디자인이 필요하다. 색을 맞추는 것만이 아닌, 배색과 면적비도 배려한 색사용을 고려한다.

⑤ 풍요로운 자연경관과 조화된 색채를 고른다(그림 7-46)

무로츠는 푸른 산으로 둘러싸여 있으며 또한 아름다운 바다와 접하고 있다. 이러한 자연의 색은 계절과 함께 변하며 광고 등에 사용되는 인공적인 원색보다 훨씬 온화한 색조이다.

아름다운 자연의 색채변화에서도 느낄 수 있듯이, 넓은 면적에 사용하는 원색을 피하고 자연경관과의 조화된 색을 고른다.

⑥ 거리의 연속성을 배려한다(그림 7-47)

색채이미지는 주변과의 관계에 따라 변화한다. 밝고 청결한 현대의 서양건축도 무로츠의 전통적 건축물군에 들어오면 심한 대비를 느낄 수 있다. 개인의 주택일지라도 주변과의 관계를 배려하는 방법을 만들어낸다.

⑦ 무로츠다운 항구경관을 만든다(그림 7-48)

무로츠는 민속관을 시작으로 하는 전통적인 건축물군이 사

● 무로츠의 거리

그림 7-45 격자를 살린다

그림 7-46 자연경관과의 조화

그림 7-47 거리의 연속성(상)
그림 7-48 어항의 경관(하)

그림 7-49 품격 있는 광고

지붕색의 색채기준　　　　　외벽 · 건축재의 색채기준

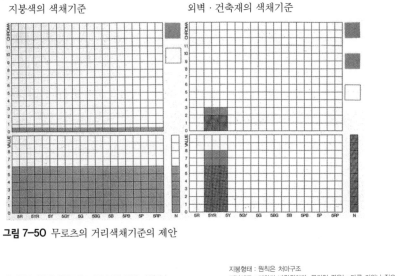

그림 7-50 무로츠의 거리색채기준의 제안

지붕형태 : 원칙은 처마구조
지붕재료 : 기와가 바람직하다. 무리인 경우는 다른 기와나 짚으로
　　　　　한다. 아래지붕은 가능한 한 기와로 한다.
지붕경사 : 무로츠의 전통적인 경사에 맞춘다.

2층 개구부 : 창호를 목재로 하고, 무로츠에서 보이는 손잡이나
　　　　　　문틀을 만드는 것이 바람직하다. 알루미늄 섀시를
　　　　　　사용할 때는 흑색 또는 어두운 갈색으로 한다.

측벽 : 보이는 부분은 태운 판자를
　　　 붙이거나 진흙을 바른다.

층 사이 : 표에서 보이는 위압감을
　　　　　전하지 않도록 층 사이
　　　　　의 높이를 낮게 한다.

벽면위치 : 아래지붕의 돌출이 충분히 느껴지도록 인접한
　　　　　전통적인 상가의 벽면선에 되도록 맞춘다.

1층 개구부 : 격자를 붙일 때는 목재의 전통적 형태를 사용하고
　　　　　　창호는 목재가 바람직하다. 알루미늄 섀시를 사용
　　　　　　할 때는 흑색 또는 어두운 갈색으로 한다.

그림 7-51 거리주택의 수경지침

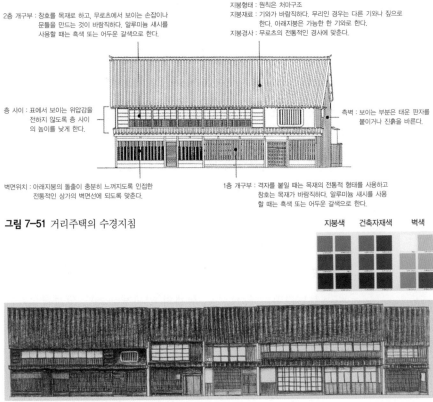

그림 7-52 무로츠의 거리색채기준(미츠쵸의 팜플렛에서)

람들의 이목을 끌고 있으며 어항의 경관도 무로츠다움을 만들고 있는 큰 요소이다. 바다에 접한 집들에 생선을 말리고 있는 풍경에는 향취가 있다. 현재 어항의 시설군은 콘크리트 제방 위에 싸늘한 분위기를 만들고 있지만 이러한 시설군도 아름다운 무로츠의 경관을 강화시킬 수 있는 색채로 배려한다.

⑧ 품격 있는 광고·사인을 디자인한다(그림 7-49)

현재의 무로츠에는 선명한 색채의 광고·사인이 적지 않으며, 몇 곳의 상점에서는 원색의 사용도 보인다. 활기 있는 경관을 만들어 나가기 위해 선명한 색채도 필요하지만, 매일 눈에 보이는 광고·사인의 색은 채도를 낮추더라도 차분한 무로츠 거리 속에서는 충분히 유목성이 높다. 거리를 배려한 광고·사인의 색채를 만들어야 한다.

이상과 같은 점을 배려하여, 무로츠의 색채기준을 제안했다. 무로츠의 건축물에 사용한 지붕·외벽 등의 색채는 전쟁 전까지 지어진 전통적인 건축물의 외장색을 기본으로 했다. 높낮이의 변화가 많고 위에서 내려다보는 시점이 많은 무로츠에서는 지붕의 이미지가 매우 중요하다. 경관색은 암회색의 기와색채를 기조로 했다. 먼셀 색도표에서의 범위는 모든 색상의 명도 6 이하, 채도 0.5 이하로 했다. 색상은 현재보다도 폭을 넓혀 자유롭게 했지만, 어떤 색상에도 채도 0.5 이하의 색채라면 대부분 색맛이 느껴지지 않으므로 현재의 기와색채와도 동화될 수 있을 것으로 생각된다. 이것은 전통적인 진흙벽과의 관계도 배려한 것이다. 이 색채범위도 기본적으로는 전쟁 전까지 많이 사용되던 목재의 색을 기본으로 한 것이며, 건축양식이 다양화된 현재의 상황을 고려하여 명도 범위는 넓혔다. 또한 무로츠의 경관을 개성있게 하는 격자에 대해서도 색채기준을 제안했다. 이것도 무로츠에 축적된 목재 격자의 색을 기본으로 했으며, 색상범위는 난색계의 10R~5Y, 명도는 6 이하, 채도는 2 이하로 했다.

이 색채기준은 그대로 받아들여져, 미츠쵸 무로츠 지구경관 가이드라인에 정리되었다그림 7-50~52. 오오테마에 거리와 무로츠에서는 경관 가이드라인에 색채기준을 정함에 따라 경관형성의 방향이 보다 명확하게 되었다.

환경색채조사는 최종적인 색채기준의 도출 이외에도 각 지역에서 조사보고회를 열어 현황을 알려나가고 토론을 불러 일으키는 것도 중요하다. 지역의 사람들과 조사를 같이 행하는 방법도 있을 것이다. 색채로 지역의 개성을 강화해 나가기 위해서는 보다 다양한 활용방법이 있다. 경관 가이드라인에 나타난 최종적인 색채기준만을 보게 되면 다소 딱딱하며 부자연스러운 느낌을 받는다. 색채기준을 형성하기까지의 경험을 공유하게 되면 보다 유연하고 살아있는 색채 컨트롤이 가능할 것이다.

제 8 장

색채공간의 가능성

제8장 색채공간의 가능성

　　1960년대 후반부터 세계적으로 유행한 슈퍼 그래픽은 그때까지 철과 유리, 콘크리트 중심의 흰 건축물에 선명한 색채를 가져와 새로운 건축공간의 가능성을 제시했다. 이 색채그래픽이 만들어낸 색채공간에는 흥미로운 점도 많았으나, 그 후 건축형태를 무시한 그래픽주의로 나아가버려 1970년대 중반에 이르러서는 완전히 쇠퇴하고 만다.

　　그때까지의 건축색채계획은 색채조절이라는 기능주의적인 사고가 주류였으며, 슈퍼 그래픽이 기존의 색채공간에 창조적인 길을 열어준 점은 간과할 수 없다. 여기서는 슈퍼 그래픽 이후, 색채가 건축형태 · 소재와 밀접하게 관계하며 확대해 온 색채공간의 가능성에 대해서 다시 한번 생각해 보고자 한다.

바자렐리(Victor Vasarely)
1908년 헝가리의 페치에서 탄생. 1925년부터 부다페스트대학에서 의학을 배우지만 후에 예술가로 전향해, 1930년에 프랑스로 옮겨 화가가 되어 많은 작품을 남긴다.

화가 바자렐리의 슈퍼 그래픽

　　1970년대 초반부터 계획된 파리 지구의 뉴타운에서는 당시 세계적으로 유행하던 슈퍼 그래픽의 영향으로 지구마다 컬러리스트를 배치하여 환경에 있어서 색채의 실험적 환경정비를 행하고 있었다.

그림 8-1
바자렐리의 아들 이바렐이 색채계
획을 담당한 크레이티유 주거지구

그림 8-2
바자렐리의 벽화를 남긴, 개장 후의
몽파르나스 역사(驛舍)

파리 동쪽의 새로운 주거지구 크레이티유의 한 구역에서는 화가 바자렐리가 색채계획을 담당했다. 그 구역은 그 후 아들 이바렐이 이어 받아, 건축물의 벽면에 바자렐리가 즐겨 그렸던 착시적인 기하학도형의 그림을 그려나갔다.^{그림 8-1}

바자렐리는 많은 작품을 남기고 1997년에 생을 마감했지만, 당시는 가장 인기있던 화가 중 한 사람으로 옵티컬한 거대추상회화를 수없이 발표했다. 파리의 몽파르나스의 역사驛舍에서도 그의 대형벽화를 볼 수 있다.^{그림 8-2}

퐁파르나스 역사 홀의 벽면에 그려진 고채도색의 착시적인 회화는 공간에 경쾌한 울림을 전하고 있다. 블루와 그린의 차가운 색채와 레드와 옐로우의 따뜻한 색채를 사용한 회화가 양측 벽면에 대비적으로 배치되어 있다. 역의 이용객은 한난대비의 두 회화작품을 좌우로 볼 수 있다. 공공의 내부공간에 있어 바자렐리의 거대벽화는 흥미로운 효과를 만들고 있다.

그러나 크레이티유의 공장과 집합주택에 그려진 회화작품에서는 그다지 효과를 발하지 못하고 있다. 화가 바자렐리는 공장과 집합주택 등의 외장색채계획안도 작성했다. 옵티컬한 패턴으로 칠해진 외장은 평면인 회화로는 흥미롭지만 실제 공간에서는 많은 문제점을 가지게 된다. 여기서 회화를 그대로 끌어들인 공간적인 힘이 없는 그래픽 패턴의 한계를 느낄 수 있다.

바자렐리는 공장과 집합주택의 외벽을 건축물의 벽면이라기보다 거대한 캔버스로 생각하고 있었다. 본래 미술관에서 감상할 수 있는 평면의 회화작품을 아무리 건축적인 스케일로 확대하더라도 실제공간에 부합되지 않는 경우가 많다.

회화는 근본적으로 화면 속에 감상자를 끌어 들인다. 몽파르

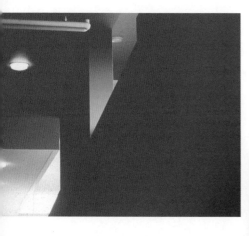

그림 8-3
국제 성 마리아 학원의 색채계획

나스 역사 내부공간에서의 바자렐리의 작품은 회화의 영역에 속하며, 1960년대 후반까지 사람들의 눈을 그곳에 끌어들여 새롭고 매력적인 예술 메시지를 전했다.

그러나 크레이티유와 같이 외부색채계획에서는 사람들이 생활하고, 사람들을 끌어 안는 공간이 실현되어야 한다. 그것은 근본적으로 회화작품이어서는 안 된다. 크레이티유의 저층부에 그려진 그래픽 패턴은 지구의 사인으로서는 유효하게 작용할지는 모르나 사람이 사는 공간에서의 응집력은 약하다.

기능주의의 쇠퇴와 함께 확산된 슈퍼 그래픽 운동에는 많은 화가와 그래픽디자이너가 참가했다. 슈퍼 그래픽은 다양하고 흥미로운 색채공간을 제안했지만, 그 흐름은 1970년대 중반에는 세계적으로 침체되어 간다.

바자렐리가 참가한 것과 같은 파리 지구의 뉴타운 색채계획도 80년대에 들어오면서 재검토가 시작된다. 조금은 낙관적으로 진행되었던 색채환경만들기는 급격히 색이 바래져 갔다. 거기에는 페인트를 사용한 외장관리의 문제가 가장 컸다. 그것을 통해 기본적으로 평면 그래픽을 단순히 끌어들이는 것만으로는 공간의 질이 향상될 수 없는 것을 깨닫지 않았을까.

공간과 색채의 풍요로운 만남

일본에서의 슈퍼 그래픽은 1960년 중반 무렵부터 시작되었으며, 1973년의 오일쇼크가 일어났을 때는 이미 쇠퇴기에 들어갔다.

이 때, 도심부를 중심으로 수많은 실험적 건축색채작품이 생

그림 8-4
스페인의 레우스에 지어진
파리오 가우디

그림 8-5
형태와 일체화한 색채의 사용

겨났다. 고우라쿠엔幸樂苑의 황색빌딩, 긴자銀座의 붉은 카리오카 빌딩, 모리오카盛岡의 황색은행, 센다가야千駄ヶ谷의 적색빌딩, 백색과 흑색의 신쥬쿠 1번관, 온화한 핑크 스트라이프의 아카사카赤坂 토큐 호텔 등, 색이 선명한 건축물이 당시의 잡지를 뒤덮었다. 이 시기의 실험을 통해 색채는 건축공간에 사용될 때의 많은 기법을 축적했다.

화가나 디자이너가 단순히 회화와 그래픽 디자인을 연장으로 외부벽면에 그리는 것만이 아닌, 건축가와의 공동작업으로 만들어 낸 건축색채공간이 그 후의 색채계획을 이끄는 좋은 예가 된다.

동경의 카미노게上野毛에 건설된 국제 성 마리아 학원의 색채계획도 그러한 예의 하나이다. 건축가 마키 후미히코와 그래픽 디자이너 스기우라 코우헤이가 함께 만들어 낸 학원내부의 색채공간은 청결하고 아름답다. 잘게 부순 콘크리트 외관에 비해 내부에는 선명한 원색을 적용했다. 인테리어의 기조가 되는 흰벽과 대비적으로 적색과 녹색, 청색의 원색공간이 나타났다. 원색은 외부에서 생기는 채광의 도움으로 더욱 강조되어 보인다. 형태적인 요소는 심플하게 디자인되어 색채를 더욱 인상적으로 사용하고 있다. 벽면에 사용한 원색은 모두 단색으로 처리되고 그래픽 패턴은 사용하지 않았다. 여기서는 건축형태와 색채가 더 밀접하게 관계하여, 일체화된 공간이 만들어져 있다.그림 8-3

많은 슈퍼 그래픽의 세계에서는 회화나 그래픽디자인에 치우쳐 건축벽면에 그림을 그리는 방법이 강조되었지만, 그것은 결과적으로 슈퍼 그래픽의 쇠퇴로 이어졌다. 회화적인 요소를

마키 후미히코(槇 文彦)
건축가. 1928년 동경에서 출생. 동경대학 건축학과 졸업 후, 하버드대학 대학원 등에서 수학 후, SOM 건축사무소 등을 거쳐, 워싱턴대학, 하버드대학 조교수, 1979년 동경대학 교수, 다이칸야마(代官山) 집합주택계획과 기업의 안테나 빌딩 등에 있는 파라렐 또는 마쿠라히 멧세 등에 관계했다.

스기우라 코우헤이(杉浦 康平)
그래픽디자이너. 1931년 동경 출생. 동경예술대학 건축학과 졸업. 1955년 레코드 자켓 디자인으로 제5회 선전미술협회상을 수상. 그래픽 디자이너, 북디자이너로 항상 창조적인 업무를 계속해, 이 분야의 제1인자로 활약하고 있다.

그림 8-6
붉게 도장된 중앙부

그림 8-7
내려쬐는 붉은 빛

억제하고, 건축형태와의 관계를 더욱 강조한 작품이 그 후 색채 공간의 가능성을 넓혔다.

리카르도 보필의 색채공간

리카르도 보필(Ricardo Bofill)
건축가. 1939년 바르셀로나 출생. 1955년 타리엘 드 아케텍토라를 설립. 「울덴 세븐」 등, 다수의 작품을 제작함. 그 후 파리의 몽파르나스와 세르지 퐁토와스에 창조적인 집합주택을 설계하여 화제가 되었다.

1970년대부터 활약한 건축가 리카르도 보필도 건축형태와 색채를 일체화시켜 다루고 있으며, 이를 통해 새로운 색채공간을 획득했다. 예를 들어, 스페인의 레우스에 건설된 파리오 가우디에서도 형태와 색채의 일체화된 효과를 볼 수 있다. 파리오 가우디는 고층 집합주택이지만 도로 양측에 대비적인 색채를 가지고 세워져 있다그림 8-4. 보필의 이 집합주택은 마치 미로와 같이 조합된 골목을 디자인하고 있으며, 고저차를 가진 통로가 만나 점차로 변화해 나가는 풍경은 재미있다그림 8-5. 이 변화하는 다양한 풍경에 색채도 절묘하게 연동한다. 적갈색의 벽돌을 기조로 하면서도 벽면에서 튀어나온 발코니는 채도가 높은 선명한 색채로 도장되어 있다. 그리고 이 집합주택의 정중앙 부분에는 하늘까지 높게 솟아 오른 공간이 있다.그림 8-6

보필은 이 벽면에도 높은 채도의 원색을 사용하였다. 엷고 어두운 1층의 통로를 따라 중앙부까지 걸어가면, 그곳에는 선명한 색으로 물든 색광이 내려 온다그림 8-7. 붉은 벽면을 가진 환기공간은 하늘에서 받은 빛으로 붉게 착색되어 나간다. 하늘에서 들어온 빛은 붉은 벽면에 부딪쳐, 붉은 파장은 반사되고 그 외의 파장은 흡수된다. 반사된 붉은 파장은 반대편 벽면에 부딪쳐, 더욱 붉은 파장으로 확산되어 간다. 이렇게 1층에 도달하기까지 하늘에서 받아들인 빛은 붉은 색을 유출하는 필터 속을 수도 없이 지나, 진한 빨강의 색광으로 넘치는 색 공간을 만들어 낸다.

　이러한 색채공간은 형태와 색채의 상호작용에 의해 생겨난다. 리카르도 보필의 건축작품 속에는 여러 곳에서 이러한 공간을 볼 수 있다. 바르셀로나에 건설된 울덴7에서도 중앙의 큰 환기 공간에는 장식적인 몇 줄기의 라인과 함께 강한 블루의 색면을 가져왔다. 색채가 형태와 상호작용하며 변화하는 양상은 평면에서는 많은 화가들에 의해 모색되어 왔다.

　바자렐리의 평면작업 속에서도 불가사의한 색채양상을 볼 수 있다. 수많은 근대건축은 콘크리트와 철, 유리로 대표되는 뉴트럴한 재료를 즐겨 사용하고 색채는 배제해 왔지만, 슈퍼 그래픽의 전개 이후, 평면에서 모색되어져 온 다양한 색채양상의 추구는 건축공간의 가능성을 더욱 확산시켰으며, 이것은 앞으로도 더욱 새로운 방향으로 모색되어져야 한다.

형태를 살린 랑크로의 색채계획

　컬러리스트 장 필립 랑크로Jean Philippe lenclos도 색채와 형태상호관계를 사용하여 풍부한 공간을 만들어냈다.

　페인트 제조사인 코티에 IPA의 아트 디렉터로 일하던 무렵 랑크로는 CI계획의 그래픽 디자인에도 손을 댄다. CI 마크와 관련한 어플리케이션 패턴을 카탈로그나 사무실, 포장에 전개하여 색채를 중요시하는 기업정신을 표현했다.그림 8-8, 9

　그가 그래픽 디자인을 담당한 코티에 IPA의 페인트 캔은 하이퍼 등의 교외에 있는 거대한 점포에 높게 쌓아 올려도, 그것

하이퍼
슈퍼마켓보다도 더욱 거대한 교외점포. 점내에는 포크리프트가 돌아다니며, 상품은 팔레트에 쌓여 있다.

그림 8-8 카탈로그 표지의 패턴전
　　　　　개(좌)
그림 8-9 코띠에 IPA의 CI계획(우)

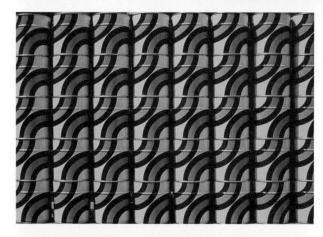

그림 8-10 페인트 캔의 그래픽 디
　　　　　자인

그림 8-11 연속하는 그래픽 패턴

그림 8-12
크레이티유의 쇼핑센터

그림 8-13
툴즈의 초등학교

그림 8-14 색채를 살린 디자인 처
리(좌)
그림 8-15 스트라이프를 살린 크레
이티유의 학교(우)

이 모였을 때의 색채효과는 매우 재미있다그림 8-10, 11. 랑크로는 이 캔의 그래픽 패턴 전개는 공장의 회색환경을 변화시키기 위해서였다고 말한다.

공장의 창고 팔레트에 높게 쌓아 올린 페인트 캔은 공장외벽을 덮어 그 이미지를 규정해버린다. 통상 페인트 캔의 그래픽 디자인에서는 소비자의 구매력 문제가 있어, 출하 전의 공장환경까지는 생각하지 않는다. 그러나 랑크로는 페인트 캔이 공장환경에 미치는 영향에 흥미를 가졌다. 연속된 그래픽 패턴을 조합하여, 그것들을 높게 쌓아 올리는 것으로 공장경관을 변화시켰다.

이 업무가 나타내는 것과 같이 랑크로는 그래픽 디자인에 있어서도 삼차원공간 속에서 색채를 계산하고 있다.

랑크로와 함께 파리에 인접한 뉴타운 크레이티유를 방문한 적이 있다. 여기서는 당시 그가 설계를 진행했던 쇼핑센터가 있다그림 8-12. 이 쇼핑센터의 색채계획을 위해 현지조사를 병행했다. 가까이에는 이전에 그가 색채계획을 담당한 학교가 있었다. 또한 화가 바자렐리가 색채계획을 담당한 주거지구도 가까이에 있어서 바자렐리와 랑크로의 환경색채방법의 비교가 가능했다.

환경에 있어서의 바자렐리가 사용한 색채는 회화적인 구심력이 중심이기 때문에 주변환경에 대한 작용이 약한 것에 대해서는 이전에 서술했지만, 반대로 랑크로의 색채구사는 형태와 깊이 관계하며 공간을 만들어 나간다. 그가 디자인한 패턴은 바자렐리의 회화와 같이 구심력으로 완결하는 것과는 달리 여러 곳으로 이어져 나간다. 그러한 패턴은 매우 심플하며 평면으로 보면 모든 주장이 약해 보인다. 그리고 그는 의미성이 강한 구상적인 것을 그리는 경우는 거의 없다. 심플한 것만으로는 완성되지 않는 색채패턴을 건축형태에 맞추어 풍부한 공간으로 바꿔 간다. 그래픽 패턴은 건축형태에 촉발되어 디자인된다. 예를 들어, 랑크로가 색채계획을 담당한 크레이티유의 학교에서는 수직방향의 스트라이프를 외벽면에 그대로 꽉 차게 칠하는 방법을 병행했다. 수직방향의 패턴은 도로에 접한 주요한 동적 공간에 대응하여 사용되고 있다. 또한 공간을 꽉 메우며 칠하는 방법은 광장과 같은 머물 수 있는 공간에 대응하여 사용되고 있다.그림 8-14, 15

랑크로의 디자인은 패턴을 병행한 색채로서 건축을 장식하는 것만이 아닌, 먼저 건축이 만들어내는 공간을 읽어내고, 그 공간이 가지고 있는 성격을 색채로 더욱 명확히 해 나간다.

형태가 가지고 있는 이미지를 색채가 강화해 나간다. 건축의 색채계획은 형태 · 소재 · 색채가 일체화된 보다 질 높고 풍부한 공간을 만들어내기 위해서 행하는 것이다.

□ **장소의 개성을 높이는 색채계획**

랑크로는 많은 집합주택의 색채계획도 진행했다. 에구산 프로방스의 사토 도브르에서는 전체 250채의 주거를 가진 같은 형태인 집합주택 7곳이 계획되었다. 이 같은 파사드 형태의 단조로운 인상을 피하기 위해 랑크로는 분절 패턴의 다양함을 제안하고 있다그림 8-20. 이 분절 패턴의 다양함에 색채를 더해, 리드미컬한 변화를 준 주택경관을 만들어내고 있다. 온화한, 그러나 적절한 대비에 의해 색맛을 느낄 수 있는 내추럴한 색

그림 8-16
도장된 사토 도브르

그림 8-17
분절된 패턴을 더해 변화를 연출하
고 있다

그림 8-18
건축형태의 변화를 살린 리 낭트의
집합주택

그림 8-19
리 낭트의 조각적이고 리드미컬한
경관

채가 집합주택의 형태에 따라 배색되어, 같은 형태의 주택이라고는 생각할 수 없을 정도로 다양한 경관을 실현하고 있다. 색채는 그 예처럼 경관상의 군화群化와 분절分節을 컨트롤할 수 있다.그림 8-16, 17

또한 세르지 퐁토와즈에 계획된 300채의 주거를 가진 리 낭트의 집합주택에서는 색채가 명확히 형태를 부각시켜 조각적이고 리드미컬한 경관을 만들어내고 있다. 건축가 장 폴 비겔J. P. Viguier과 장 프랑소와 조드리J. F. Jodry가 한 설계에서는 완만한 경사를 가진 부지에 여유 있고 쾌적한 변화를 가진 조각적인 건축물이 배치되어 있다. 랑크로는 이 변화 있는 건축형태가 명확히 보일 수 있도록 주거동마다 또는 부위마다 난색계의 색채를 분할하여 칠하고 있다. 건축세부에 사용된 액센트 컬러 중에서는 순색의 적색과 핑크도 보였지만, 전체적으로 색채경관의 리듬 속에서 잘 조화되어 있다.그림 8-18, 19

나에게 이 집합주택 자체는 밀도가 지나치게 높아 약간은 여유 없어 보였지만, 모든 주거동이 균일한 빛을 확보하기 위해 단조로운 경관을 만들어내는 일본의 단지에 비교하면 외부공관과의 관계는 매우 흥미롭다.

리 낭트를 실제 방문해 보면, 점차 변화하는 경관의 다양함을 느낄 수 있다. 주거동의 형태에 따라 칠해진 색채가 변화로운 풍부한 경치를 만들어내고 있다. 색채는 형태가 가진 변화를 살리고 그 위에 전체의 통일감을 강조하고 있다.

랑크로는 슈퍼 그래픽이 나타낸 색채의 가능성을 더욱 넓히고, 건축형태에 더욱 깊게 관여시켜 평면에서의 표현으로는 불가능한 풍부한 색채공간을 획득했다.

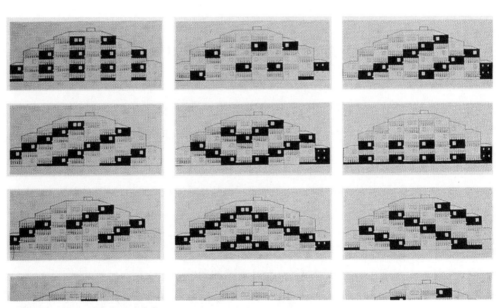

그림 8-20 사토 도브르의 분절패턴

□ 지역의 경관을 향상시키는 색채계획

장 필립 랑크로는 크레이티유에 있는 학교나 쇼핑센터와 같은 슈퍼 그래픽의 연장선의 작품을 많이 만들었다. 그러나 슈퍼 그래픽의 상당수는 이차원평면의 그래픽작품을 확대해 건축을 덮는 경우가 많았으나, 랑크로의 색채계획은 처음부터 건축형태와 깊이 관련되어 있었다.

건축이 만들어내는 공간을 읽어 내고, 그곳에 색채를 적용하는 방법은 슈퍼 그래픽의 유행이 지나가도 많은 건축가에게 받아들여져 수많은 건축의 색채계획으로 나타났다.

그는 색표와 카메라를 가지고 프랑스 곳곳의 거리를 돌아다니며 지역색의 존재를 명확히 해 왔다. 근대건축이 많이 지어지기 이전에는 지역의 소재를 사용해, 지역에 전해오는 양식에 따라 거리가 만들어져 왔다.

비교적 자유롭게 착색된 페인트조차도 지역사람들은 그 장소의 기후 · 풍토에 따라 색채를 선택해 왔다.

랑크로는 각각의 지역에 축적된 색채를 조사해, 이미 '프랑스의 색채' 로 정리해 출판했다.

지역의 풍토색에 대한 조사 · 연구는 랑크로의 일상업무가 되어 있으며, 그 업무는 프랑스만이 아닌 세계 각 도시의 색채조사로 확대되고 있다.

이러한 흥미로운 경험을 통해 랑크로는 지역이 가지고 있는 분위기에 매우 민감하다.

나는 색채계획의 보조업무 중에서도 항상 지역색채에 흥미가 많았다. 예를 들면, 라 시오타에 있는 조선소의 색채계획에서는

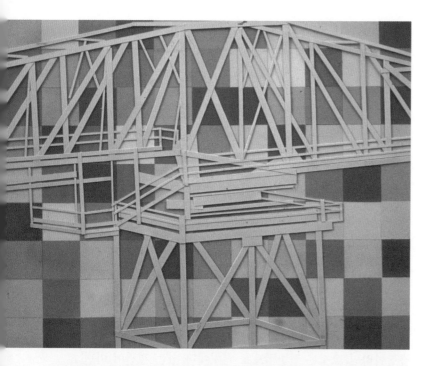

그림 8-21
마을의 색을 배경으로 한 컬러시뮬
레이션

그림 8-22
마을에서 채집한 색채로 도장된 거
대한 크레인

먼저 항구에 접한 아름다운 마을의 색채조사를 실시했다.그림 8-23. 오래된 거리의 착색입면도가 작성되어, 그 색채를 배경으로 할 때의 조선소의 색채가 여러 가지로 시뮬레이션 되었다.그림 8-21. 많은 검토를 통해, 조선소 외벽에는 온화한 기조색이 설정되고, 거대한 컨트리 크레인도 돌로 만든 거리에 맞추어 그 외벽으로부터 채집된 베이지 계열의 색채로 도장되었다.그림 8-22

색채계획의 대상이 된 건축물만이 아름다워서는 지역의 경관은 좋아질 수 없다. 지역의 색채문맥을 읽어내어, 그 흐름에 맞추어 낼 때 지역경관은 좋아진다. 계획대상의 색채만을 주장하는 것보다 어떤 때는 지역의 배경으로 은폐시킬 때 전체 경관의 질은 향상된다. 환경색채디자인이 목표로 하는 것은 이 지역전체 경관의 질을 향상시키는 것이다. 색채계획의 대상이 공장이라면 그것은 일반적으로 어디에나 있는 경관이 아닌 그 지역의 공장이어야 하며, 지역경관의 소중한 부분으로 여겨야 한다. 색채는 지역과의 관계를 만들어내기 위해 불가결한 요소이다.

건축의 색채가 형태·소재와 관계하여 새로운 가능성을 나타낸 것처럼, 색채를 지역경관과 깊이 관계시키는 것을 통해 색채공간은 더욱 큰 가능성을 획득할 수 있게 된다.

그림 8-23
항구에 접한 라 시오타의
오래된 거리

질서 있는 경관을 만들자 | 차분하고 윤기 있는 경관을 만들자 | 지역에 축적된 특성을 살린 경관을 만들자 | 즐겁고 활기 넘치는 경관을 만들자 | 지역의 장래를 생각하는 새롭고 개성적인 경관을 만들자 | 알기 쉽고 안전한 도시경관을 만들자 | 질 높고 자랑스러운 도시 경관을 만들자

제 9 장
환경색채디자인의 배려사항

제9장 환경색채디자인의 배려사항

지금까지 환경색채디자인의 기법에 대해 다음과 같은 내용을 진행해 왔다.

1장. 색채의 관계성과 컨트롤

슈퍼 그래픽 이후의 환경색채디자인에 이르기까지의 흐름의 소개

2장. 유목성의 체계

환경을 구성하고 있는 모든 것에 관여하는 색채와 그러한 경관구성요소의 색채를 형성해 나가는 기법의 제안

3장. 환경의 색채조화

환경의 색채조화의 개념을 카와사키 연안부의 경관형성에 전개한 사례로 소개

4장. 색채의 군화와 분절

색채가 가진 군화와 분절의 힘을 센다이 이즈미 빌리지의 주택가의 경관형성에 응용한 사례의 소개

5장. 지역소재의 색

토코나메, 이즈시, 우치코 세 곳의 환경색채조사를 예로 지역 고유의 색채를 찾는 기법을 소개

6장. 경관형성과 색채기준 1

효고현의 경관조례 중에서 대규모 건축물 등의 색채기준의
내용을 소개

7장. 경관형성과 색채기준 2

효고현의 경관형성지구, 히메지의 오오테마에 거리와 무로츠
의 환경색채조사에서 색채기준책정까지의 흐름을 소개

8장. 색채공간의 가능성

건축의 형태·소재와 밀접히 관계하며 만들어지고 있는 새
로운 색채공간의 가능성을 고찰

마지막으로 지금까지 서술해 온 내용을 정리해, 환경색채디
자인이 실현해야만 하는 내용과 고려할 사항을 정리해 보자.

질서 있는 경관을 만들자

현재도 많은 일본의 경관은 무질서하고 잡다하다. 향락가처
럼 난잡하고 혼돈스런 경관이 활기 있고 즐거운 곳도 있겠지
만, 기본적으로는 보다 더 정리되어 질서를 느낄 수 있는 색채
경관을 지향해야 할 것이다. 색채경관에 질서를 만들어내는 방
법으로 다음의 세 가지를 강조하고 싶다.

☐ 경관요소의 색채를 정리한다(그림 9-1, 2)

경관요소의 색채정리는 2장의 '유목성의 체계'에서 서술한
내용이지만, 색채디자인의 대상이 되는 것을 경관을 구성하
는 요소로 다루어, 다른 모든 경관요소와의 상대적인 색채관
계를 정리하기 위한 것이다. 이 때, 색채에서는 특히 채도에
주목한다.

그림 9-1
질서 있는 경관을 만들기 위해 행해
진 건축외장의 색채조정

그림 9-2
온화한 색조로서 정돈된 파레 타치
가와의 건축외장

그림 9-3
바위의 표면색을 기조색으로 재생
되고 있는 에노시마의 거리

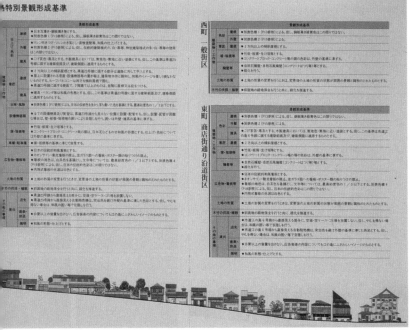

그림 9-4
바위의 표면색을 기조색으로 한 에
노시마의 경관형성 색채기준

일반적으로는 색채가 선명할수록 유목성이 높아지고 눈에 띈다. 경관 전체에서 어떤 요소를 눈에 띄게 할 것인가의 순위를 정해, 높은 유목성을 필요로 하는 요소에 고채도색을 사용하고, 눈에 띌 필요가 없는 요소는 기본적으로는 저채도를 사용한다.

예를 들면, 교통을 원활히 하기 위해 신호의 색채나 거리에 윤기를 전하는 꽃과 나무, 보행자의 눈을 즐겁게 하는 점포의 쇼윈도우는 눈에 뜨일 필요가 있으나, 점포나 건축외장은 공공적인 유목성을 필요로 하지 않으므로 선명함을 억제한 저채도색의 사용을 기본으로 해야만 한다.

□ 기조색이 느껴지는 거리를 만든다(그림 9-3, 4)

아름답게 느껴지는 거리를 구성하는 건축물의 외장색을 측색해 보면, 기조색으로 불리는 지역 고유의 색조를 가지고 있는 경우가 많다. 현대와 같이 건축재료가 자유롭게 유통되기 이전의 많은 집은 지역재료를 사용해서 지어졌다. 건축재료의 종류도 현재만큼 풍부하지 않았고, 색채도 지역의 소재색에 한정되어 있었다. 이러한 지역의 기후·풍토와 결부된 건축재료는 일정한 색채범위에 들어가 있는 경우가 많다. 이러한 지역의 기조색을 가지고 있는 도시는 아름답다.

일본의 많은 마을은 지역의 기조색을 잃어버렸지만, 도시경관의 개성을 살리기 위해서는 기조색을 되살려야 한다.

또한 새롭게 만드는 도시공간에서도 이 기조색을 다시 한번 검토해, 시간을 들여 지역에 축적해 나갈 필요가 있다.

그림 9-5
자연의 변화와 도시의 색. 수목의
녹색보다 선명한 지붕색도 눈이 내
린 날은 새하얗게 덮여진다.

□ 색채의 조화를 가진 거리를 만든다

색채조화에 관해서는 3장의 '환경의 색채조화'에 정리했다. 거리의 조화를 만들어내기 위해서는 배색조화형을 알아야만 한다.

환경에 있어서 색채조화형은 크게 세 가지로 분류할 수 있다. 그것은 ① 유사색조화형, ② 색상조화형, ③ 톤 조화형이다. 도시의 기조색은 한정된 한 색만으로는 변화가 부족하며 지루해진다. 많은 색채가 모여 기조색으로 느껴지는 것이지만, 이 범위의 기조색은

① 동일해 보이는 가까운 색채범위에 정리되어 있다.

② 명도·채도는 달라도 색상이 가까운 범위에 들어 있다.

③ 색상은 여러 가지 있지만 톤이 가까운 범위에 들어 있다.

크게는 이 세 가지 조화형의 어느 한쪽에 구성될 것이다. 이러한 세 가지 색채조화형을 기본으로 다양함이 태어난다.

차분하고 윤기 있는 경관을 만들자

도시의 경관에는 차분함과 윤기가 필요하다. 이를 위해 환경색채디자인에서는 변하는 자연을 존중하고 사용하여 익숙해진 친화적 색채를 사용하며 소란스럽게 느껴지는 색채를 제거해 나가는 것을 기본으로 한다.

□ 자연경관을 배려하고 윤기를 느낄 수 있는 색채를 사용(그림 9-5)

일본은 사계절의 변화가 풍부하다. 수목의 색채는 시간에 따라 변화하며, 꽃들도 다양한 색으로 물들어 간다. 이러한 자연

의 색채이미지를 저해하는 색사용은 피해야만 한다.

예를 들어, 지역의 건축외장색에는 풍부한 자연의 녹음보다 선명한 고채도색의 사용을 기본적으로 피해야만 한다. 자연의 녹색보다 채도를 억제하여 자연환경에 순화되도록 하는 것이 차분하고 윤기 있는 환경을 만들어 낸다.

□ 익숙해진 색채를 사용한다

건축재료에는 각각 관례적으로 사용하고 있는 색채가 있다. 예를 들어, 일본에서는 지붕의 기와에는 어두운 회색이나 흑색, 갈색을 많이 사용하고 있다. 전후, 경제부흥기에는 고채도의 청색과 적갈색의 금속판을 많이 사용하였지만, 최근 이러한 건축재도 전통적인 관례색에 따라 차분한 저채도·저명도로 이동하고 있다.

차분한 경관을 만들기 위해서는 전통적으로 사용하고 있는 건축재의 색채에 관심을 기울여야 하며 익숙한 관례색의 사용을 기본으로 해야 한다.

□ 요란스런 색을 제거한다(그림 9-6)

경관을 혼란시키고 있는 소란스런 색을 소색騷色이라 부른다. 장소의 분위기에 맞지 않으며 독단적으로 주장하는 색채사용은 피해야 한다.

아름다운 자연 속에서 원색으로 서 있는 간판과 과도한 색채표현의 풍선, 주변환경을 배려하지 않고 선명한 원색을 사용한 맨션의 외장색 등, 지역경관을 헤치는 소색은 제거되어야만 한다.

그림 9-6
소색으로 문제가 되고 있는
맨션의 외장색

지역에 축적된 특성을 살린 경관을 만들자

환경색채디자인은 전혀 새로운 색채경관디자인이 아니며, 지역에 축적된 문맥을 읽어 들여 그것을 다음 세대에 이어나가는 것을 기본으로 한다. 전후의 일본도시는 기능성과 경제성을 중시한 나머지 편리함은 높아졌지만 어디나 같은 획일적인 경관이 되고 말았다. 지역의 개성은 도시에서 없어서는 안 되는 요소이나 이 개성은 단시간에 만들어지는 것은 아니다. 메워져 버린 지역의 기억을 찾아내어 지역에 축적된 색채를 재생시켜 나가는 것이 중요하다.

☐ 지역의 환경을 알고, 살리기 위해 노력한다(그림 9-8)

환경색채디자인은 먼저 지역조사로부터 시작된다. 지역이 요구하는 색채를 찾아내는 것이 무엇보다 중요하다. 전후 경제부흥기, 일본의 많은 도시들은 지역의 기후·풍토와 밀접하게 결부된 색채를 잃어버렸으며, 이 지역색의 존재는 새로운 색채를 디자인하는 데에도 많은 시사점을 전해 준다. 환경색채디자인은 색채조사를 통해 지역의 색채특성을 찾아내어, 그것을 다음 세대로 이어나가는 것을 기본으로 한다.

☐ 지역에 뿌리내린 배색의 형을 살린다(그림 9-7)

전통적인 거리에서는 지역고유의 색채배색도 도출된다. 황토벽과 흰 진흙벽의 대비와 검은 유약기와와 적토벽의 조합 등, 독특한 배색을 가진 거리가 있다. 일본의 전통적인 집은 목재와 흙을 사용하여 지어진 것이 많으며, 사용된 색채의 폭은 비교적

그림 9-7
따뜻함이 있는 도자기의 색이 축적된 토코나메

그림 9-8
개성적인 지역의 색을 가진 이즈시

좁지만 배색과 형태와의 조합을 통해 그 다양함은 무수해 진다. 지역의 고유한 배색형을 발견하게 되면 그 배색을 살려나가는 것을 검토해야만 한다.

□ **지역에 전해지는 건축재 · 소재를 살린다**

건물을 페인트로 도장하고 있는 서구와는 달리, 일본은 소재감을 더욱 중요시 한다. 그곳에 나타나는 색채는 균일하지 않으며 소재의 바닥에서 우러나는 깊이와 색점의 독특한 맛을 가지고 있다. 지역 고유의 전통적인 건축재와 소재를 현대적 건축물에 사용하는 데는 곤란함이 많지만, 표면만의 색채가 아닌 소재감과 일체화된 지역색의 재생에 심혈을 기울이지 않으면 안 된다.

즐겁고 활기 넘치는 경관을 만들자

환경색채디자인은 한편으로 차분하고 윤기 있는 경관형성을 지향하지만, 또 한편으로는 즐겁고 활기 넘치는 경관을 필요로 하는 지구도 있다.

특히 상업지구에서는 차분함보다는 활기가 우선시된다. 지구의 특성에 따라 색채의 사용은 나뉘어져야 한다. 각각의 지구 분위기에 맞도록 변하는 것이 바람직하다. 여기서는 즐겁고 활기 있는 경관을 만들기 위한 색채법을 정리해 보자.

□ **풍부한 변화의 색사용을 한다**(그림 9-9)

질서 있는 경관을 만들어내는 기법으로 도시의 기조색을 만

그림 9-9
가까이 보면 변화가 있는
모자이크 타일을 사용한
후타마타카와 라이프

그림 9-10
저층부의 점포색채는 거리의 활기
를 만들어 낸다

들어내는 것과 색채조화에 관해서는 서술했지만, 지나치게 엄격히 색채를 지정하면 딱딱하고 지루한 경관이 되고 만다.

환경에 있어서 색채조화는 회화에 있어서의 색채조화론과는 달리 온화하며 다소 폭이 큰 것이어도 좋다. 경우에 따라서는 다소 위화감 있는 색채가 들어가도 좋으며 거리의 변화가 생겨 즐거움이 증가하는 경우도 있다. 통일감을 배려하며 변화를 품은 색사용에도 신경을 써야 한다.

□ 도시의 활기와 유행을 연출한다(그림 9-10)

색채에는 유행이 있다. 선명한 색채가 유행했던 시대가 있는가 하면, 차분한 대지의 색을 선호했던 시대도 있었다. 이러한 유행은 우리의 생활에 활기와 즐거움을 제공한다. 오랫동안 변하지 않는 건축외장의 기조색을 그 시대의 유행색으로 물들이는 것도 문제가 있으나, 저층부의 도장부분 등에 그 시대의 유행색을 적절히 사용하게 되면 거리는 활성화되고 활기가 생겨난다. 간단히 색채변경이 가능한 곳에 유행을 표현하는 것도 도시를 즐겁게 해 나가는 방법이다.

□ 질 높은 광고의 색채를 생각한다(그림 9-11)

일본의 경관을 혼란시키는 것 중에서 비교적 광고·간판의 존재는 크다.

건축물의 광고탑과 벽면에 붙여진 원색의 간판은 도시경관을 혼란시키는 큰 원인이다. 일본의 전통적인 마을을 방문하면 나무와 종이로 만들어진 간판이 거리와 조화를 이루며 그 마을을 더욱 개성있게 하는 예를 적지 않게 볼 수 있다. 현대도시에도 그 장소의 분위기를 높여 지구의 개성을 강화해 나가는 광고·간판의 디자인이 요망된다.

광고·간판은 도시경관 속에서 배제해야만 하는 것이 아닌, 장소의 분위기를 높여나가는 것으로 적극적인 컬러디자인의 대상이 되어야 한다.

□ 유연성을 가진 색채기준을 만든다

최근 많은 지자체에서 경관조례가 책정되어, 그 중에서 색채기준을 설정하고 있는 예도 늘어나고 있다. 이러한 경향은 환경색채의 중요성을 이해하고 그 개념을 일반화한다는 점에서 바람직하다. 그러나 지나치게 획일적인 또는 엄격한 색채기준의 설정은 혼란스런 경관에 통일감을 가져오는 기능도 하나, 변화가 없는 지루한 경관을 만들어낼 우려도 있다.

현재의 단계에서는 색채기준은 기본적인 네거티브 체크로 경관을 크게 훼손시킬 색채의 제거에 둘 필요가 있다.

지역의 장래를 생각하는 새롭고 개성적인 경관을 만들자

환경색채디자인에서는 지역에 축적된 색채를 찾아내어, 그것을 계승해 나가는 것을 기본으로 한다. 그러나 이러한 지역색의 축적이 희박한 신도시나 매립지, 공장지대에서는 새로운 시대의 경관을 창조해 나갈 필요가 있다. 또한 축적된 색채를 계승해 나갈 때도 지금까지 있었던 것을 보존하고 지켜나가는 것만으로는 새로운 시대의 도시로서는 제기능을 발휘하지 못할 우려가 있다.

항상 장래를 전망하고 이후의 방향성을 찾아내어 새로운 시대의 해석을 더해 나갈 필요가 있다.

□ 새로운 개성에 상응하는 색채·소재를 선택한다(그림 9-12)

역사적인 축적이 적은 지역에서는 도시의 기조색에 지금까지 없었던 전혀 새로운 색채를 선택하는 것도 가능하다.

예를 들면, 요코하마 해안의 매립지, 포트사이트 지구에서는 블루 그린을 건축외장의 기조색으로 하고 있다. 오래된 역사가 축적된 칸나이 지구의 차분한 갈색계통의 색채와는 대비적인 블루 그린은 새로운 시대의 도시를 상징하고 있다. 포트사이트 지구의 외장색에는 모자이크 타일로 표현된 곳이 많으며, 새로운 현대기술에 따라 만들어진 색채·소재를 살려, 지구에 새로운 개성을 만들어내는 것도 환경색채디자인의 역할이다.

그림 9-11
전통과 현대성을 융합한 광고간판

□ 도시만들기 이미지에 맞는 색채를 선택한다

새롭게 만드는 지구의 경관형성에 색채디자인이 도입되는 단계에서는 이미 도시디자인의 방향성에 대한 많은 검토가 진행되고 있는 경우가 많다. 환경색채디자인은 컬러디자이너의 감성을 억누르는 것이 아닌, 지금까지의 토론내용을 파악하고 그 방향성을 존중하여 도시디자인 방침과 컬러이미지가 잘 조합될 수 있도록 배려한다.

밝고 근대적인 도시의 형성을 지향한다면 비교적 명도가 높고 쾌적한 색조의 외장색이 그 이미지를 강조하는 데 적합하며, 차분하고 중후한 도시를 지향한다면 밝음을 억제한 저명도색을 기조로 하는 것이 바람직할 것이다.

그림 9-12
요코하마 포트사이트

그림 9-13 자연스런 색무늬의 돌담

환경색채디자인에서는 이미 축적된 토론을 정확히 색채에 반영시키는 것을 중시한다.

알기 쉽고 안전한 도시경관을 만들자

지금까지는 지역개성을 재생하거나 새롭게 만드는 지구를 위한 색채방향에 대해 서술했지만, 도시의 기능성과 안전성을 높이기 위한 색채의 구사도 배려해야 한다. 교통의 원활함과 안전을 위해서는 신호기의 색채를 저해하는 소색을 정리해야 하고, 어렵게 설치한 장애인용 유도블록의 색채대비가 약해져 기능성이 떨어지는 것도 피하지 않으면 안 된다. 환경색채디자인은 지역의 개성을 창조해 나가는 것을 기본으로 알기 쉽고 안전한 도시를 만들기 위한 것이다.

□ 안전성, 기능성을 배려한다

일본의 도시는 일반적으로 색채가 많이 혼란스러워져 있으며 공공의 사인 컬러도 보이지 않게 되었다. 신호기와 교통표식의 배후에 나오는 광고·간판의 색채가 그 이미지를 저해하는 예도 많다. 자주 서구의 도시에서 볼 수 있는 건축벽면에 부착된 가로명 표시는 주변에 잡다한 것이 적기 때문에 작은 것도 잘 보인다. 일본의 주소표시는 많은 광고색의 방해로 인해 보기 힘들게 된 곳이 많다.

환경색채디자인은 도시에 사는 많은 사람들에게 있어 중요한 기능을 강화해 나가는 시점을 가져야만 하며, 알기 쉽고 안전한 도시를 만들기 위한 색채를 정리해 나가야 한다.

그림 9-14
적절한 색점이 있는 벽돌벽

그림 9-15
지저분해지면서 풍격이 생긴
나마코벽

나마코벽
창고 등의 바깥벽에 네모진 평평한 기
와를 붙이고 그 이음매에 회반죽을 반
원통형으로 볼록하게 바른 벽

질 높고 자랑스러운 도시경관을 만들자

환경색채디자인에 대한 이해가 아직 부족하여 색채를 장식 정도로 생각하거나 광고효과를 향상시키기 위한 것으로 활용 한 예도 많이 볼 수 있다.

페인트는 비교적 손쉽게 색채를 변경할 수 있는 장점도 있으 나, 조절 없이 유행에 맞추는 것만으로는 질 높고 품격 높은 도 시는 만들 수 없다. 환경색채디자인은 그곳에 사는 사람들이 애 착을 가지고 받아들이고, 자랑스럽게 키워 나갈 수 있는 질 높 고 품격 있는 도시를 만들기 위한 불가결한 요소이다.

□ 시간변화를 견디는 색재료를 생각한다(그림 9-13~15)

색채는 변화한다. 퇴색과 먼지로 인한 색채변화를 계산에 넣 어두지 않으면 안 된다. 도장재료에서는 일반적으로 고채도의 색일수록 내구성이 약하고 변색되기 쉽다. 선명한 색채는 기본 적으로는 재도장이 간단하며, 보행자와 만날 가능성이 많은 저 층부에 사용하는 것이 바람직하다. 또한 목재나 석재, 벽돌 등 의 색채도 더럽게 변해가지만 지저분해지고 낡은 색채가 아름 답게 보이는 경우가 많다. 아름답게 늙고 있는 색채를 살려나가 는 것도 중시되어야 한다.

□ 형태 · 소재에 맞는 색채를 사용한다

슈퍼 그래픽의 시기에는 페인트가 많이 사용되어 형태에 관 계없는 그래픽 패턴으로 건축물을 덮는 것이 유행했지만, 그 유 행은 오래 지속되지 않았다.

건축형태와 소재보다도 색채를 중시하고, 우선시 할 수도 있겠지만 기본적으로는 형태와 소재를 우선적으로 생각해야만 한다. 그를 위한 건축의 컬러디자인에서는 설계된 도면을 자세히 읽어 들여, 형태와 소재를 보조한다는 일반적인 사고를 색채디자이너도 이해해야만 한다.

☐ 질 높은 컬러디자인이 생겨날 체제를 정비한다

환경색채디자인의 기법은 아직 충분히 정리된 상황이 아니다. 경관조례에 있어서 색채기준이 책정된 곳도 늘어나고 있지만, 효과적으로 운용되고 있는 예는 그리 많지 않다.

환경색채디자인에서는 감각적인 색채의 사용에 그치지 않고 색채에 관계하는 많은 지식을 필요로 하나, 그것을 깊게 이해하고 있는 전문적인 환경색채디자이너는 부족하다.

지역에는 앞으로의 도시방향을 고려해 정비해 나가야 할 많은 것들이 있다. 질 높은 컬러디자인은 일률적으로 색채를 만들거나 색채를 자유롭게 사용하는 것만으로 생겨나는 것이 아니다.

지역의 환경색채의 저변을 끌어올리기 위해서는 색채기준도 어느 정도 유용하지만, 보다 질 높은 환경색채를 실현하기 위해서는 잘 훈련된 풍부한 경험의 환경색채디자인 전문가가 필요하다.

또한 이런 도시의 성숙도에 맞춘 기법을 조합하여 환경색채디자인의 프로그램을 만들어내야 한다. 질 높은 색채디자인이 생겨나기 위해서는 그것을 뒷받침할 준비가 꼭 필요하다.

그림 9-16~18

환경색채디자인은 지역의 경관형성에 중요한 역할을 맡고 있다. 그 중요성은 최근 십 년 사이에 많은 지자체에도 인식되어 경관조례에서까지 다루어지게 되었다. 그러나 거기에 사용되고 있는 기법은 아직도 미숙한 것이 많으며, 공유될 정도로 완성된 것은 적다.

이 책에서는 우리가 실제 환경색채디자인을 통해 축적해 온 몇 가지 기법에 대해 소개해 왔다. 그리고 마지막으로 환경색채디자인을 행할 때의 배려사항을 정리했다. 이후도 경관형성에 관계된 많은 사람이 공유할 수 있는 환경색채디자인 기법을 축적해 양호한 색채경관의 형성에 도움을 주고자 한다.

지역경관의 질을 높이기 위해 환경색채디자인의 개념은 이후에도 그 중요도가 높아질 것이다. 개별 건축물의 색채를 개인의 취향만으로 정하는 시대는 끝났다.

개인이 소유한 건축물도 그 외벽은 공공의 것이며, 지역의 경관을 구성하는 소중한 요소라고 생각해야만 한다. 환경색채에 있어서 조화는 주위에 친화되는 것을 기본으로 하지만 필요하다면 지역에 따라서 대비적으로 돌출되는 것도 물론 있을 수 있다. 그러나 대비적인 색채를 사용할 때에도 그 색채는 지역주민에게 지지를 받는 것이어야 한다.

이후, 환경색채디자인의 개념을 일반인에게도 확대해 지역의 색채토론을 활성화시켜 나가야 한다. 도시의 경관은 최종적으로 지역주민이 만들어 나가는 것이며 그 축적이 없으면 진정으로 아름다운 도시는 자라날 수 없다.

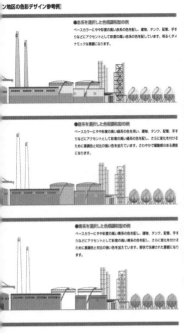

그림 9-16 카와사키시 연안부 가이
　　　드라인에서는 각 기업의
　　　창조성을 살리는 방안이
　　　들어 있다.(좌)
그림 9-17 카와사키시 연안부 가이
　　　드라인(우)

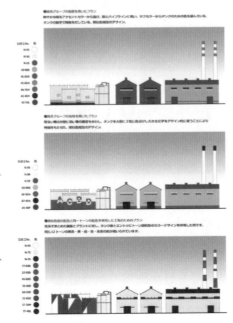

그림 9-18 다양한 디자인의 전개가
　　　가능한 후지시의 공업지
　　　색채 가이드라인

마 치 며

색채는 환경을 구성하는 모든 것과 관련되어 있다. 우리는 큰 면적을 점하는 건축물과 도로포장의 색채만이 아닌 수목의 녹색과 도시에 높은 스트리트 퍼니처, 도로를 달리는 자동차, 점포에 진열된 상품, 길을 가는 사람들의 패션 등, 실로 많은 색채에 둘러싸여 생활하고 있다. 환경색채디자인은 좁은 전문분야에 닫혀진 것이 아닌 지금까지의 환경을 구성하는 모든 것에 눈을 돌려, 그 관계성을 조정해 쾌적하고 살기 좋은 환경을 창조해 나가기 위한 운동이라고 생각된다.

색채는 모든 디자인 분야와 관련되어 환경을 횡으로 연결하는 종합적인 기법을 시사해 주었지만 이 책을 정리해 나가는 단계에서 또 다른 가능성에 대해서도 눈을 뜨게 되었다. 현재 주민이 참가하는 마을만들기는 국내 지자체에서 큰 테마가 되어 있으며, 여기서도 색채는 큰 가능성을 가지고 있다.

우리는 지금까지 몇 군데의 지역에서 지역의 경관형성에 관계해 왔다. 그리고 지역의 현황파악을 위한 색채조사를 행하여 그 내용을 지역주민에게 보고했다. 색채를 통해 현황을 이야기하고 공통인식을 가지는 것이 향후의 경관형성에 큰 의미를 가지게 된다는 것을 경험했다. 최근에는 색채조사를 지역사람들과 공동으로 진행하는 기회도 늘어났다. 기능적으로 쌓아올린 형태보다도 색채쪽이 일반인들에게는 알기 쉽다고 생각된다. 색채의 토론은 주변환경을 고치는 기회가 되며, 이를 통해 마을만들기는 활성화된다.

색채는 마을만들기에서 아직도 많은 미지의 힘을 감추고 있다. 주민참가와 환경색채의 문제, 지역환경을 인식하기 위한 색채교육의 문제에 대해서는 언젠가 또 정리해 보고자 한다. 우리는 지금부터도 다양하고 매력적인 색채가 가진 미지의 힘을 끌어내어 살려나가고자 한다.

참고자료

제2장
『컬러 워칭』(小學館)
『시각의 법칙』메츠카(岩波新書)
『도시공간색채계획에 관한 조사검토보고서』(建設省都市局)

제3장
大日精化 캘린더 『색의 표현법』(감수 永田泰弘)
『카와사키시 연안부 색채 가이드라인』

제4장
『시각의 법칙』메츠카(岩波新書)

제5장
INAX XSITEHILL 토코나메 · 이즈시 · 우치코 전시물 『전통적 가옥건축의 의장구성의 수법』

제6장
『경관』제2장 경관행정의 엘러멘트(ぎょうせい)
『도시공간색채계획에 관한 조사검토보고서』(建設省都市局)

제7장
『도시경관형성지구 지정조사 · 히메지시 오오테마에 거리 1986. 2』(컬러플래닝센터)
『내일의 경관을 만든다 히메지시 오오테마에 거리 경관가이드라인』(효고현 도시주택부 계획과)
『도시경관형성지구 지정조사 · 미츠쵸 무로츠 지구 1992. 2』(컬러플래닝 센터)
『미츠쵸 무로츠 지구 경관가이드라인』(효고현 도시주택부 도시정책과)
『무로츠 전통적 건조물군 보존대책 조사보고서』(미츠쵸 교육위원회)
『색채과학사전』(일본색채학회편)
『현대색채사전』(平凡社)

제1장

10쪽 1점, 11쪽 1점, 14쪽 3점 – 컬러플래닝센터

15쪽 위 1점 – 장 필립 랑크로

제8장

157쪽 3점 – 컬러플래닝센터

164쪽 4점, 165쪽 위 1점, 168쪽 상하 2점, 169쪽 상하 2점, 170쪽 1점,

172쪽 상하 2점, 173쪽 1점 – 장 필립 랑크로

그 외의 사진은 저자

사진제공

위원회

- 코우난 나기사 디자인 어드바이저(카나가와현)
- 후지사와시 도시경관 어드바이저(후지사와시)
- 후지사와시 도시경관 심의위원회(후지사와시)
- 쿠마모토현 경관 어드바이저(쿠마모토현)
- 키타큐슈시 경관 어드바이저(키타큐슈시)
- 카스가베시 도시경관 어드바이저(카스가베시)
- 이와테현 경관 어드바이저(이와테현)
- 요코스카시 도시디자인 담화회 전문위원(요코스카시)
- 요코스카시 색채 어드바이저(요코스카시)
- 카와사키시 도시경관 심의위원회(카와사키시)
- 카와사키시 도시경관 심의회 전문부회 위원(카와사키시)
- 카스가 아카데미아 파크 거리만들기 협의회 경관형성 위원
- 기타 신주쿠지구 거리경관형성위원회 위원(국토개발기술센터)
- 경관재료추진협의회 경관 플래닝 위원회 위원(경관재료 추진협의회)
- 경관재료추진협의회 색채전문위원회 주임(경관재료 추진 협의회)
- 후지미야시 도시디자인연구회 특별위원(후지미야시)
- 야마토시 거리만들기 전문가(야마토시)
- 미야코시 사모랜드 시티 지구 경관형성위원회 위원(미야코시)
- 카마이시항 경관정비과제 검토조사위원회(연안개발기술센터)
- 쿠마모토현 이츠키마을 경관심의위원회 위원(이츠키무라)
- 일본유행색협회 프로덕트 인테리어부회 전문위원(일본유행색협회)
- 토우덴광고 전주광고 커뮤니티 위원
- 컬러 코디네이트 검정시험 1급 텍스트 작성위원회 위원장(동경상공회의소)
- 도시공간에 있어서 색채검토위원회 위원(건설성 도시계획과)
- 동경항 경관계획책정 조사위원회 위원(동경도 항만국 항만정비국)
- 수도고속도로의 디자인에 관한 조사연구위원회 위원(수도고속도로공단)

기린맥주 取手공장 내외장 색채계획
札幌 중앙우체국 기계화설비 색채계획
姫路市 御津町 문화센터 색채계획
京王線 聖蹟櫻ケ丘 역주변개발 색채계획
일본항공 기내식기 색채디자인
기린맥주 京都공장 견학자도로 색채설계
三菱화학 분석기기 색채설계
兵庫縣 경관조례 색채지도 기준작성

1985 東急 드엘알리스 上野毛 내외장 색채계획
京急三浦 뉴타운 외장색채계획
川崎市 마이콘 시티 색채기본계획
兵庫縣 篠山町 환경색채조사 · 보고
兵庫縣 姫路市 大手前通リ 환경색채조사 · 보고
京都 르네상스 테이블 톱 컬러코디네이션
松下 전기공업 시스템 키친 싱크대 개발계획

1986 지젤 기계공장 색채계획
小田急御殿場 패밀리랜드 개도장 색채계획
平安閣 레스토랑 라 시에나 테이블 톱 컬러 코디네이션
타나신 전기 코퍼레이트 아이덴티티 계획
九州전력 松浦화력발전소 색채계획
大川端 리버시티 21 환경색채기본계획
兵庫縣 出石町 환경색채조사 · 보고
西友 여가사업 디자인 컨셉 입안
西友 상품기획 · 인테리어 보드 설계

1987 우주개발사업단 종자섬 우주센터 大崎射場吉信射点 색채계획
京急 부동산 能見台 주택외장 색채계획
藤澤市 片瀬鵠沼지구 · 江ノ島 지구환경색채계획
수도고속도로공단 · 고속도로의 색채조사
특별요양노인시설 晴山苑 내외장 색채계획
中國전력 柳井발전소 외장색채계획
기린 맥주 高崎공장 견학자 통로 색채계획
스즈키 자동차 알토쥬나 내외장 색채계획
住友스테이셔널리 위논 색채계획
기린 시그램 御殿場공장 견학자 통로 색채계획

1988 업존 筑波 종합연구소 색채계획
東京 著名橋 정비를 위한 색채조사 · 제안
제너럴 석유 가솔린스탠드 리뉴얼 색채계획
아사히 맥주 와인공장 외장색채계획
日産자동차 판매점 리뉴얼 색채계획
東急靑葉台역앞 재개발계획 색채제안
東急리조트 天城맨션 하비스트 클럽 색채제안
小松川 그린타운 외장색채계획
富士見高原 리조트 색채제안

1989 立川기지 공터 재개발지구 색채계획
新大分 화력발전소 색채계획
東急부동산 福岡 가든 힐즈 光が丘 주택외장 색채계획

兵庫縣 도시경관형성지구 지정조사 · 川西能勢口 지구 색채조사제안

NTT 데이터 디자인메뉴얼 색채계획

船橋역 남쪽출구 재개발사업 공공시설 기본설계 색채계획

茨城縣 日立역 재개발사업 색채기본계획

澁谷여자고등학교 개도장색채계획

西宮名鹽 뉴타운 색채계획 · 제안

二俁川역 북쪽출구 공동빌딩 LIFE 외장색채계획

ICI 재팬 筑波기술연구소 색채계획

東京역 남쪽출구 통로벽면 색채계획

東京都 청소국 坂橋청소공장 외장색채계획

1990   九州전력 唐津발전소 개도장 색채계획

兵庫縣 경관형성지구 지정조사 · 1龍野지구 색채조사결과

兵庫縣 경관형성지구 지정조사 · 洲本市 산토피아 마리나지구 색채조사
제안

藤澤市 환경색채 팜플렛 '藤澤의 도시경관만들기' 기획제작

神奈川縣 湘南나기사 디자인검토 색채조사 · 제안

夕張市 환경색채계획

鎌倉에 어울리는 거리의 방향에 관한 색채조사

타지마 외부 바닥재 개발 프로젝트

東急 부동산 仙台泉 빌리지 가든힐즈 외장 색채계획

長谷工 코퍼레이션 아크로시티 외장 색채계획 · 제안

宮崎공항 터미널 빌딩 내외장 색채계획

橫浜시립대학 의학부속병원 내장 색채계획

成田국제공항 관제탑 색채계획

厚木森の里 제5기 단독분양주택 색채계획

長谷工 · 코퍼레이션 玉塚 라 비스타 외장 색채계획

江ノ島 특별경관형성지구 색채계획

橫浜石川町역 동쪽 출구개발 색채계획

LIFE 荏田 전산센터 외장 색채계획

기린 맥주 六甲 물류센터 색채계획

中山 東急 역앞 건물 외장색채계획

1991   기린 맥주 高崎공장 개도장 색채계획

東急 · 토탈 홈 디자인 시스템 플래닝

兵庫縣 도시경관형성지구 지정조사 · 城崎湯島 온천지구 색채조사제안

北九州市 공장항만시설 등 색채계획

橫浜 포트사이트 지구 제2지구 C동 색채계획

仙台二日町東急빌딩 색채계획

기린 맥주 六甲 물류센터 색채계획

東急用賀 프로젝트 색채계획 · 제안

中國전력 玉島화력발전소 색채계획

中國전력 水島화력발전소 색채계획

타지마 인테리어 바닥재 컬러 솔리드 시스템설계

日本 카본 재개발 색채계획 · 제안

샤르망 코포 保土ヶ谷 외장색채계획

二子玉川 나므코 원더에그 색채계획

이토요카도 SP 컬러 시스템 설계

福岡美しが丘とうきゅう SC 외장색채계획
立川기지 공터관련 제1종 시가지 재개발사업 색채실시설계
라빌 皿山 외장색채계획
中國전력 松下발전소 색채계획
中國전력 島根발전소 색채계획
九州전력 峇北발전소 색채계획
昭和산업 鹿島공장 색채계획
岐阜縣 단지 리프레쉬 외장계획
小田急厚木물류 메인센터 색채계획
小田急新百台丘SC 인테리어 컬러디자인
西福岡 마리나 타운 환경색채조사
1992   中國전력 岩國발전소 색채계획
中國전력 新小野田 발전소 색채계획
羽田 沖合展 개발정비지구 색채계획
大船역 동쪽 출구 제1지구 시가지재개발 외관색채계획
福岡 시 사이드 모모치 센터지구 색채계획
大阪 OAP 환경색채계획 · 제안
兵庫縣 경관형성지구 지정조사 · 三津町室津지구 색채조사제안
弘前市 환경색채조사
藤澤市 銀座거리 환경색채조사
藤澤市 湘南台지구 환경색채조사
小松川지구 東大島 그린타운 색채계획
横浜 포트사이트지구 시장大橋 색채계획
東急泉 빌리지 아이비 스퀘어 색채계획
千葉 뉴타운 CNT−100 색채계획 · 제안
川崎 제철 千葉공장 색채계획
中國전력 新下關발전소 색채계획
宮城縣 광고조례를 위한 색채조사 · 제언
汐留지구 환경색채계획검토
九州전력 相浦발전소 외장 색채계획
九州전력 新小倉 발전소 외자 색채계획
福岡공항 제4터미널 색채계획
多摩센터지구 환경색채조사 · 제언
鎭須賀 해변 뉴타운 환경색채계획
1993   宮團後樂園역 건물 인테리어 컬러디자인 컨셉
小田急五月台상업지구 환경색채설계
秋田포트 타워 외장색채계획
兵庫縣 경관형성지구 지정조사 · 高砂지구 환경색채조사제안
横須賀市 海浜뉴타운 사업화계획연구회 환경색채조사
大阪 통상 우체국 · 大阪 소포 우체국 내장색채계획
도시공간에 있어서 쾌적한 색채경관검토
주택공단 蓮根단지 고령자 주택 · 주택 서비스센터 내외장 색채계획
北九州市 白島석유 정비기지 색채계획
江戸川 스포츠랜드 외장색채계획
浦安明海지구 환경색채기본계획
廣島基町 지하주차장 색채계획

프로젝트

연안부 도심부두지구 주택건설사업 색채기본계획
千葉東口 광장색채계획
中國전력 宇部전력소 외장색채계획
1994   九州전력 川内발전소 외장색채계획
九州전력 港발전소 외장색채계획
兵庫縣 경관형성지구지정 조사 · 和田山町竹田지구 색채조사제안
도시공간색채계획에 관한 조사검토
北九州市 매력적인 항구 만들기에 있어 색채계획책정
熊本縣 경관조례 색채기준검토
富士市 공장지 등 색채계획조사1
越中島驛 공터 집합주택 색채계획
小田急向ケ丘 유원지 컬러디자인 가이드라인
西新井 고층주택 색채설계
임근해 도심도로 경관색채설계
浦安明海지구 외장색채실시계획
東急泉빌리지 홀랜드 지구 색채기본계획
中國전력 三隅발전소 외장색채계획
中國전력 大崎발전소 외장색채계획
신 토쿄공항 제4 화물건물 색채설계
京急野比 단독주택 색채설계
東急 단독주택의 외장 컬러 시스템 설계
얼베인 르네스 별관 외장색채계획
연안부 도심부두지구 색채실시설계
1995   小田急御殿場 페밀리랜드 스릴발레 색채계획
富士市 공장경관색채계획 2
川崎市 인근연안부 공장항만시설 등 색채기준책정 조사
프럼나드 仲町台 색채계획
河川 구역내의 문화재보호구역에 설치된 전광게시판의 디자인
東京국제공항 제3기 색채계획
北九州大里西지구 주택색채계획
錦 단지 색채계획
中國전력 津和野 송전철탑 색채계획
INAX 엑사이트 빌딩 팩토리 2 '黑の町 · 班の素材常滑' 전시기획
高洲3丁目 단지색채계획
晴海1丁目 지구색채계획
카스가 아카데미아 파크 환경색채기준작성
1996   파키스탄 이슬람 공화국 모자보험 센터 색채계획
溝口 재개발상가건물 외장 컬러디자인 컨셉
北九州 社の木 중층주택 외장색채계획
富士宮市 환경색채조사 1
사이타마 신도심 색채기본계획
INAX 엑사이트 빌딩 팩토리 2 '出石' '内子' 전시기획
名古屋池下 재개발건물 내장 컬러디자인 컨셉
目白1丁目단지 색채계획
月島2丁目 시가지 주택색채계획
中國전력 宇部전력소 외장색채계획

東西つ木2丁目단지 외장색채계획

東急ドエル八乙女Ⅱ 내외장 색채계획

藤澤市洲鼻通り 환경색채 기본책정

神谷3丁目단지 내외장 색채계획

前原단지 재건축 기본계획

JR横須賀역앞 빈터 재개발계획 색채기준책정

野田山崎 단독주택외장색채계획

타지마 고령자시설용 바닥재 컬러시스템설계 카탈로그 제작

1997   高洲3丁目 단지 제6주택 외장색채계획

INAX 엑사이트 힐 팩토리2 '門司港' 전시기획

南千住E지구 외장색채계획 설계

타지마 고령자시설용 바닥재 컬러시스템설계

토쿄만 횡단도로 토쿄베이 오아시스 사인 색채계획제안

INAX 엑사이트 힐 팩토리2 '横浜' 전시기획

'장 필립 랑크로 색채지리학' 전시기획 감수

東急仙台泉빌리지 Ⅲ기 색채기본계획

돌출판 외장재 제품개발디자인 어드바이스

錦平和台단지 외장색채계획

中國전력 島根전력소 외장색채계획

東急 뉴타운 野比해안 단독주택 외장색채계획

大島단지 외장색채계획

豊島8丁目 단지외장 색채계획

INAX 엑사이트 힐 팩토리2 '小樽' 전시기획

中國海南省 海口世紀대교 색채계획

저자 약력
요시다 신고(吉田愼悟)

1949년 카나가와현 카와사키시 출생
1972년 무사시노 미술대학 기초디자인과 졸업
1972년 무사시노 미술대학 기초디자인과 연구실 근무
1974년 프랑스 장 필립 랑크로 아트리에 유학근무
1975년 컬러플래닝센터 근무 색채디자이너 1994년부터 이사
1990년 유한회사 크리마 대표이사
1989년 무사시노 미술대학 기초디자인학과 강사
1992년 건설성 건설대학교 공공시설디자인 연수환경색채계획 강사 1997년까지
1994년 큐슈 공립대학 건축학과 강사 1996년까지
　　　　나가오카조형대학 강사
　　　　무사시노 미술대학 시각전달 디자인학과 강사

학회등　일본 디자인학회 회원, 오타큐 학회회원(1995년까지)
　　　　공공의 색채를 생각하는 모임 상임위원
　　　　도시환경디자인 협회회원
　　　　일본색채학회회원,
　　　　㈜카나가와디자인기공 회원

전시　하버드대학 카펜터 센터 작품전 「EVOLVING VISUAL PATTERN」
　　　　지역의 색채소재 연구전시 「토코나메·이즈시·우치코」(아크힐즈
　　　　XSITEHILL)

저서　「환경색채디자인」 CPC편집 미술출판사
　　　　「도시와 색채」 요이즈미 출판사

역자 약력
이 석 현

홍익대학교 미술대학 회화과 졸업
환경조형연구소 스튜디오 드림 대표
츠쿠바대학 예술연구과 환경디자인과 석사
츠쿠바대학 인간종합과학연구과 디자인학 박사
츠쿠바대학 인간종합과학연구과 연구원
일본 이바라키현 마카베시 경관조사 위원
한국색채연구소 도시환경 팀장
한국색채연구소 선임연구원
홍익대학교 산업대학원 환경색채디자인 강사
남양주시 경관 어드바이저 / 경관정책자문관
농촌공사 전원마을사업 위촉연구원
홍익대학교 산업대학원 석·박사과정 색채심리 강사
조선일보 공공디자인자문
그 외 지역 경관색채 어드바이저
공무원 환경색채교육을 담당

환경색채디자인의 기법
도시의 색을 만들자

2008년 6월 20일 1판 1쇄 인쇄
2008년 6월 25일 1판 1쇄 발행

지은이 요시다 신고
옮긴이 이 석 현
펴낸이 강 찬 석
펴낸곳 도서출판 **미세움**
주 소 150-838 서울시 영등포구 신길동 194-70
전 화 02)844-0855 팩 스 02)703-7508
등 록 제313-2007-000133호

ISBN 978-89-85493-29-1   03540

정가 15,000원
잘못된 책은 바꾸어 드립니다.

도시의 **색**을 만들자 | 환경색채디자인의 기법

도시의 **색**을 만들자 | 환경색채디자인의 기법